21世纪高等学校计算机
专业实用系列教材

微机原理学习与实践指导

第3版

葛桂萍 主 编
罗家奇 曹永忠 副主编
王昌龙 蒋 超 参 编

清華大學出版社
北京

内容简介

本书是《微型计算机原理及应用》(第3版·微课视频版)(李云主编)的配套例题、习题与实验教材,在内容的安排上注重系统性、先进性和实用性,并有效提高读者的系统设计和创新能力。

本书的例题与习题涵盖了主教材中11章的内容,覆盖面较广、题型灵活多样、难度适宜,并针对主教材相应章节的关键知识点进行讲解,内容深入浅出,使读者进一步巩固理论知识。实验部分包括软件编程实验与硬件实验,每个软件编程实验均提供参考流程及参考程序;而硬件实验按照分层思想设计了基础实验和提高实验,每个实验均附有思考题,供读者进一步分析、思考。另外,增加了综合性的课程设计内容,体现了知识点相关的硬件实验的综合性。

本书结合应用实例、习题与实验,实现实践环节的一体化,特别是硬件实验项目按分层思想设计,探索了一种培养学生综合分析能力和创新能力的有效手段。

本书适用于普通高等院校电气信息类、机电类专业学生。本书不仅可以和《微型计算机原理及应用》(第3版·微课视频版)教材配套使用,也可以作为其他微机原理教材的习题集与实验指导书。

图书在版编目(CIP)数据

微机原理学习与实践指导/葛桂萍主编. —3版. —北京:清华大学出版社,2024.1
21世纪高等学校计算机专业实用系列教材
ISBN 978-7-302-65208-3

Ⅰ. ①微… Ⅱ. ①葛… Ⅲ. ①微型计算机-理论-高等学校-教材 Ⅳ. ①TP36

中国国家版本馆CIP数据核字(2024)第004508号

责任编辑: 黄 芝 张爱华
封面设计: 刘 键
责任校对: 韩天竹
责任印制: 杨 艳

出版发行: 清华大学出版社
网 址: https://www.tup.com.cn,https://www.wqxuetang.com
地 址: 北京清华大学学研大厦A座 **邮 编:** 100084
社 总 机: 010-83470000 **邮 购:** 010-62786544
投稿与读者服务: 010-62776969,c-service@tup.tsinghua.edu.cn
质量反馈: 010-62772015,zhiliang@tup.tsinghua.edu.cn
课件下载: https://www.tup.com.cn,010-83470236
印 装 者: 北京同文印刷有限责任公司
经 销: 全国新华书店
开 本: 185mm×260mm **印 张:** 11.25 **字 数:** 274千字
版 次: 2010年10月第1版 2024年2月第3版 **印 次:** 2024年2月第1次印刷
印 数: 1~1500
定 价: 39.80元

产品编号:099231-01

第3版前言

本书是《微型计算机原理及应用》(第3版·微课视频版)(李云主编)一书的配套习题、实验教材。2010年和2015年由清华大学出版社先后出版了《微机原理学习与实践指导》及其修订版《微机原理学习与实践指导》(第2版)。本书和主教材《微型计算机原理及应用》得到了全国几十所高等院校的选用,同时也先后被遴选为普通高等院校"十一五"国家级规划教材、计算机系列教材,并多次重印。

本书是在第2版的基础上,根据读者的反馈,结合本校多轮教学的实践经验,并动态跟进微机系统的发展修订而成。本书修订了第2版中出现的一些习题答案错误,补充了一部分新的例题和习题,增加了第4章课程设计的实验项目,同时完善了第3章、第4章的实验内容,以适应不断发展的教学需要。

本书的主要特色是定位准确,内容注重系统性、先进性和实用性,例题和习题涵盖了主教材的全部知识点,覆盖面广,通过例题和习题进一步加深学生的理论学习;实验按照分层思想设计,通过基础实验、提高实验和综合实验(课程设计),培养学生的综合能力和创新能力。

本书由葛桂萍主编,罗家奇、曹永忠副主编,王昌龙、蒋超参编。本书1.1节、1.2节、1.5节、1.6节及相应参考答案由葛桂萍修订,1.3节、1.4节及相应参考答案由曹永忠修订,1.7节、1.8节及相应参考答案由王昌龙修订,1.9节、1.10节、1.11节及相应参考答案由蒋超修订;第2章由罗家奇修订;第3章由葛桂萍修订;第4章及附录A.2、A.3由葛桂萍、曹永忠共同修订。全书由葛桂萍统稿,李云审稿。在本校教学及书稿修订过程中,史庭俊和张梅香提出了不少宝贵意见。

由于编者水平有限,书中难免有疏漏之处,恳请各位读者给予批评指正,以便在今后的修订中不断改进。

注:本书由扬州大学出版基金资助。

编　者

2023年8月于扬州大学

第 2 版前言

本书是《微型计算机原理及应用》(第 2 版)(李云主编)一书的配套习题、实验教材。《微型计算机原理及应用》和配套教材《微机原理学习与实践指导》在 2010 年由清华大学出版社正式出版，被全国几十所高等学校选用，同时也先后被遴选为普通高等院校“十一五”国家级规划教材、计算机系列教材和江苏省高等学校精品教材，并先后重印三次。随着微型计算机技术的快速发展，对教材原有内容进行增删和组合，并扩展“新”的内容，使教材内容与时俱进，已经势在必行。编者在倾听各界反馈建议和结合本校教学的实践经验基础上，决定对教材内容进行更新和修订，形成第 2 版教材，使之适应计算机技术的发展，并且更符合读者的需要。第 2 版教材主要考虑如下修订原则。

(1) 第 1 章例题与习题，增加补充一部分新的例题和习题，以适应教学的需要，并能反映微机技术的新发展和新应用。

(2) 第 2 章汇编语言程序设计实验，重新修订实验内容，使得每一种类型的程序更加清晰；增加了少量功能较复杂但实用的程序，以便学生具体应用时参考，同时增加了 Windows 下汇编语言的编程技术。

(3) 第 3 章硬件实验，按分层思想设计基础实验和提高实验，并对硬件实验的部分内容重新设计、修订，使之适应新技术的发展。

(4) 第 4 章课程设计，在基础实验和提高实验基础上，新增了综合性的课程设计，使学生将所学内容应用到实践中，以提高学生汇编语言的编程能力和接口电路的分析、设计能力。

本书由葛桂萍主编，管旗、罗家奇、曹永忠副主编，王昌龙、周磊参编。1.1 节、1.2 节、1.6 节及相应参考答案和 5.1.1 节、5.1.2 节、5.1.6 节、5.2 节、5.3 节由葛桂萍修订；1.3 节、1.4 节及相应参考答案和 5.1.3 节、5.1.4 节由曹永忠修订；1.5 节、1.8 节、1.10 节及相应参考答案和 5.1.5 节、5.1.8 节、5.1.10 节由管旗修订；1.7 节、1.11 节及相应参考答案和 5.1.7 节、5.1.11 节由王昌龙修订；1.9 节及相应参考答案和 5.1.9 节由周磊修订；第 2 章由罗家奇修订；第 3 章由葛桂萍修订；第 4 章由曹永忠、周磊、葛桂萍共同修订。全书由葛桂萍统稿，李云审稿。在全书审定过程中，秦炳熙提出了许多宝贵意见，另外，田腾飞、顾沈胜两位同学调试了课程设计程序，在此一并表示感谢。

感谢对本书提出各种意见的专家、老师及广大读者朋友。

注：本书由扬州大学出版基金资助。

编　者

2015 年 9 月于扬州大学

第1版前言

本书是《微型计算机原理及应用》(李云主编)一书的配套习题、实验教材,全书包括四部分内容。第一部分例题与习题,涵盖了教材中11章的内容,将各知识点融会贯通,深入浅出,使读者进一步巩固所学知识,掌握解题思路和解题方法;第二部分汇编语言程序设计,包括程序调试、顺序程序设计、分支和循环程序设计、子程序设计四个软件编程实验,每个实验均提供参考流程和参考程序;第三部分硬件实验,包括简单并行接口、可编程并行接口8255A、可编程定时器计数器、中断、七段LED数码管、模数转换器、数模转换器、串行通信等,这些典型硬件实验按分层思想设计了基础实验和提高实验等实验项目,基础实验给出了设计流程和参考程序,提高实验仅提供设计流程供读者参考,具体程序由读者自行分析完成;步进电机控制、键盘显示控制、数据采集等综合性实验可作为课程设计选用,另外,每个实验均附有思考题,供读者进一步思考、分析;第四部分附录,包括习题参考答案、调试程序DEBUG的主要命令、汇编语言出错信息等。

本书结合应用实例、习题与实验,实现实践环节的一体化,巩固理论学习,特别是硬件实验项目按分层思想设计,培养学生的综合分析能力和创新能力。

本书由葛桂萍主编,管旗、罗家奇、曹永忠副主编。第一部分的第1、2、6、9章及相应参考答案由葛桂萍编写,第3、4、7章及相应参考答案由曹永忠编写,第5、8、10、11章及相应参考答案由管旗编写;第二部分由罗家奇编写;第三部分由罗家奇、葛桂萍共同编写;第四部分附录B、附录C由葛桂萍编写。全书由葛桂萍统稿,李云审稿。在全书审定过程中秦炳熙提出了许多宝贵意见,另外,管旗、于海东还参与了一些资料的整理,在此一并表示感谢。

由于编者水平有限,时间仓促,书中难免有疏漏之处,恳请各位读者批评指正。

编　者

2010年8月于扬州大学

目　录

第1章 例题与习题

1.1 微型计算机基础

1.1.1 例题

1. 把十进制数 137.875 转换为二进制数。

解：把十进制数转换为二进制数时，需要对一个数的整数部分和小数部分分别进行处理，得出结果后再合并。

整数部分：一般采用除以 2 取余法。

小数部分：一般采用乘以 2 取整法。

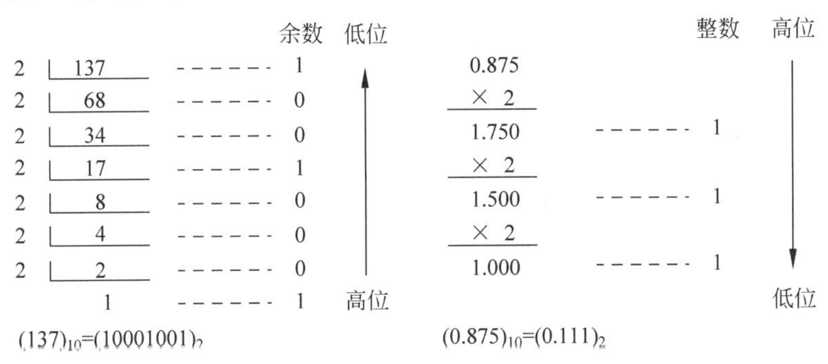

所以，$(137.875)_{10}=(10001001.111)_2$。

2. 把二进制数 10011.0111 转换为八进制数和十六进制数。

解：八进制、十六进制都是从二进制演变而来的，3 位二进制数对应一位八进制数，4 位二进制数对应一位十六进制数，从二进制向八进制、十六进制转换时，把二进制数以小数点为界，对小数点前后的数分别分组进行处理，不足的位数用 0 补足，整数部分在高位补 0，小数部分在低位补 0。

$$(\underline{10}\ \underline{011}.\underline{011}\ \underline{1})_2=(\underline{010}\ \underline{011}.\underline{011}\ \underline{100})_2=(23.34)_8$$

$$(\underline{1}\ \underline{0011}.\underline{0111})_2=(\underline{0001}\ \underline{0011}.\underline{0111})_2=(13.7)_{16}$$

3. 将八进制数 23.34 转换为二进制数。

解：$(23.34)_8=(\underline{010}\ \underline{011}.\underline{011}\ \underline{100})_2=(10011.0111)_2$

4. $X=0.1010$，$Y=-0.0111$，求$[X-Y]_{补}$，并判断是否有溢出。

解：$[X-Y]_{补}=[X]_{补}+[-Y]_{补}$

$[X]_{补}=0.1010$　$[Y]_{补}=1.1001$　$[-Y]_{补}=0.0111$

$$
\begin{array}{r}
0.1010 \\
+0.0111 \\
\hline
\underline{1}.0001
\end{array}
$$

说明：当异号相减运算时，通过补码，减法运算转换为两个正数的加法运算，结果为负(符号位为1)，表示运算结果溢出。

5. 10010101B分别为原码、补码、BCD码表示时，对应的十进制数为多少？

解：$[X]_{原}=10010101, X=-21$

$[X]_{补}=10010101, [X]_{原}=11101011, X=-107$

$[X]_{BCD}=10010101, X=95$

6. 简述计算机为什么能实现自动连续的运行。

解：计算机能实现自动连续的运行，是由于计算机采用了存储程序的工作原理。把解决问题的计算过程描述为由许多条指令按一定顺序组成的程序，然后把程序和处理所需要的数据一起输入计算机的存储器中保存起来。计算机接收到执行命令后，由控制器逐条取出并执行指令，控制整个计算机协调地工作，从而实现计算机自动连续的运行。

1.1.2 习题

1. 选择题。

(1) 8086是(　　)。

A. 微机系统　　B. 微处理器　　C. 单板机　　D. 单片机

(2) 下列数中最小的数为(　　)。

A. $(101001)_2$　　B. $(52)_8$　　C. $(2B)_{16}$　　D. $(50)_{10}$

(3) 下列无符号数中，其值最大的数是(　　)。

A. $(10010101)_2$　　B. $(227)_8$　　C. $(96)_{16}$　　D. $(150)_{10}$

(4) 设寄存器的内容为10000000，若它等于−127，则为(　　)。

A. 原码　　B. 补码　　C. 反码　　D. ASCII码

(5) 在小型或微型计算机中，普遍采用的字符编码是(　　)。

A. BCD码　　B. 十六进制　　C. 格雷码　　D. ASCII码

(6) 若机器字长为8位，采用定点整数表示，一位符号位，则其补码的表示范围是(　　)。

A. $-(2^7-1) \sim 2^7$　　B. $-2^7 \sim 2^7-1$

C. $-2^7 \sim 2^7$　　D. $-(2^7-1) \sim 2^7-1$

(7) 二进制数00100011，用BCD码表示时，对应的十进制数为(　　)。

A. 23　　B. 35　　C. 53　　D. 67

(8) 已知$[X]_{补}=10011000$，其真值为(　　)。

A. −102　　B. −103　　C. −48　　D. −104

(9) 二进制数10100101转换为十六进制数是(　　)。

A. 105　　B. 95　　C. 125　　D. A5

(10) 连接计算机各部件的一组公共通信线称为总线，它由(　　)。

A. 地址总线和数据总线组成

B. 地址总线和控制总线组成

C. 数据总线和控制总线组成

D. 地址总线、数据总线和控制总线组成

(11) 计算机硬件系统应包括(　　)。

A. 运算器、存储器、控制器
B. 主机与外围设备
C. 主机和实用程序
D. 配套的硬件设备和软件系统

(12) 计算机硬件能直接识别和执行的只有(　　)。

A. 高级语言　B. 符号语言　C. 汇编语言　D. 机器语言

(13) 完整的计算机系统是由(　　)组成的。

A. 主机与外设
B. CPU 与存储器
C. ALU 与控制器
D. 硬件系统与软件系统

(14) 计算机内进行加、减法运算时常采用(　　)。

A. ASCII 码　B. 原码　C. 反码　D. 补码

(15) 下列字符中,ASCII 码值最小的是(　　)。

A. a　B. A　C. x　D. Y

(16) 下列字符中,ASCII 码值最大的是(　　)。

A. D　B. 9　C. a　D. y

(17) 目前制造计算机所采用的电子器件是(　　)。

A. 中规模集成电路
B. 超大规模集成电路
C. 超导材料
D. 晶体管

(18) 计算机中的 CPU 指的是(　　)。

A. 控制器
B. 运算器和控制器
C. 运算器、控制器和主存
D. 运算器

(19) 计算机发展阶段的划分通常是按计算机所采用的(　　)。

A. 内存容量
B. 电子器件
C. 程序设计语言
D. 操作系统

(20) 计算机系统总线中,可用于传送读、写信号的是(　　)。

A. 地址总线
B. 数据总线
C. 控制总线
D. 以上都不对

(21) 通常所说的“裸机”指的是(　　)。

A. 只装备有操作系统的计算机
B. 不带输入输出设备的计算机
C. 未装备任何软件的计算机
D. 计算机主机暴露在外

(22) 计算机的字长是指(　　)。

A. 32 位长的数据

B. CPU 数据总线的宽度

C. 计算机内部一次并行处理的二进制数码的位数

D. CPU 地址总线的宽度

(23) 计算机运算速度的单位是 MIPS,其含义是(　　)。

A. 每秒处理百万个字符
B. 每分钟处理百万个字符
C. 每秒执行百万条指令
D. 每分钟执行百万条指令

(24) 从键盘输入 1999 时,实际运行的 ASCII 码是(　　)。

A. 41H49H47H46H　　B. 51H59H57H56H

C. 61H69H67H66H　　D. 31H39H39H39H

2. 填空题。

(1) 计算机中的软件分为两大类:________软件和________软件。

(2) 部件间进行信息传送的通路称为________。

(3) 为判断溢出,可采用双符号位补码,此时正数的符号用________表示,负数的符号用________表示。

(4) 8 位二进制补码所能表示的十进制整数范围是________。

(5) 用 16 位二进制数表示的无符号定点整数,所能表示的范围是________。

(6) 若$[X]_{补}$=00110011B,$[Y]_{补}$=11001100B,$[X-Y]_{补}$= ________B。

(7) 十进制数 255 用 ASCII 码表示为________,用压缩 BCD 码表示为________,其十六进制数表示为________。

(8) 总线是连接计算机各部件的一组公共信号线,它是计算机中传送信息的公共通道,总线由________、________和控制总线组成。

(9) 数据总线用来在________与内存储器(或 I/O 设备)之间交换信息。

(10) 在微机的三组总线中,________总线是双向的。

(11) 地址总线由________发出,用来确定 CPU 要访问的内存单元(或 I/O 端口)的地址。

(12) 以微处理器为基础,配上________和输入输出接口等,就成了微型计算机。

3. 将下列十进制数分别转换为二进制数、十六进制数。

(1) 124.625　(2) 635.05　(3) 301.6875　(4) 3910

4. 将二进制数 1101.101B、十六进制数 2AE.4H、八进制数 4 2.57Q 转换为十进制数。

5. 用 8 位二进制数表示出下列十进制数的原码、反码和补码。

(1) +127　(2) -127　(3) +66　(4) -66

6. 设机器字长为 16 位,用定点补码表示,尾数为 15 位,数符为 1 位,问:

(1) 定点整数的范围是多少?

(2) 定点小数的范围是多少?

7. 请写出下列字母、符号、控制符或字符串的 ASCII 码。

(1)B　(2)h　(3)SP(空格)　(4)5　(5)$　(6)CR(回车)　(7)LF(换行)

(8) *　(9)Hello

8. 什么是微处理器、微型计算机、微型计算机系统?

9. 简述数据总线和地址总线的特点。

10. 衡量微机系统的主要性能指标有哪些?

1.2　16 位和 32 位微处理器

1.2.1　例题

1. 简述 8086 总线分时复用的特点。

解：为了减少引脚信号线的数目，8086 微处理器有 21 条引脚是分时复用的双重总线，即 $AD_{15} \sim AD_0$，$A_{19}/S_6 \sim A_{16}/S_3$ 及 $\overline{BHE}/S_7$。这 21 条信号线在每个总线周期开始（T_1）时，用来输出所寻址访问的内存或 I/O 端口的地址信号 $A_{19} \sim A_0$ 及“高 8 位数据允许”信号 $\overline{BHE}$；而在其余时间（$T_2 \sim T_4$）用来传输 8086 同内存或 I/O 端口之间所传送的数据 $D_{15} \sim D_0$ 及输出 8086 的有关状态信息 $S_7 \sim S_3$。

2. 何为时钟周期？它和指令周期、总线周期三者之间的关系是什么？

解：

(1) 时钟脉冲的重复周期称为时钟周期。时钟周期是 CPU 的时间基准，由 CPU 的主频决定。

(2) 指令周期是执行一条指令所需要的时间，包括取指令、译码和执行指令的时间。指令周期由一个或多个总线周期组成，不同指令的指令周期所包含的总线周期个数是不同的，它与指令的性质与寻址方式有关。

(3) 一个总线周期至少由 4 个时钟周期组成，分别表示为 T_1、T_2、T_3、T_4。

3. 8086 有哪两种工作方式？主要区别是什么？

解：微处理器有两种工作方式，即最小方式和最大方式。

(1) 系统中只有一个 CPU，对存储器和 I/O 接口的控制信号由 CPU 直接产生的单处理机方式称为最小方式，此时 $MN/\overline{MX}$ 接高电平。

(2) 对存储器和 I/O 接口的控制信号由 8288 总线控制器提供的多处理机方式称为最大方式，此时 $MN/\overline{MX}$ 接低电平，在此方式下可以接入 8087 或 8089。

4. 有一个 16 个字的数据区，它的起始地址为 70A0H:0DDF6H，如图 1.1 所示。请写出这个数据区首、末字单元的物理地址。

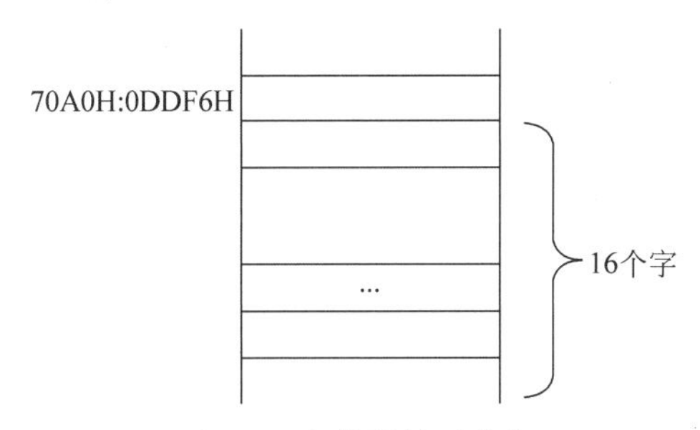

图 1.1　存储器单元分布

解：首地址＝70A00H＋0DDF6H＝7E7F6H

　　末地址＝7E7F6H＋16×2－2＝7E7F6H＋20H－2H＝7E814H

5. 根据 8086 存储器读写时序图（见图 1.2 和图 1.3），回答如下问题。

(1) 地址信号在哪段时间内有效？

(2) 读操作和写操作有何区别？

(3) 存储器读写时序与 I/O 读写时序有何区别？

(4) 什么情况下需要插入等待周期 T_W？

解：

(1) 在 T_1 周期，双重总线 $AD_{15} \sim AD_0$、$A_{19}/S_6 \sim A_{16}/S_3$ 上输出要访问的内存单元的地址信号 $A_{19} \sim A_0$。

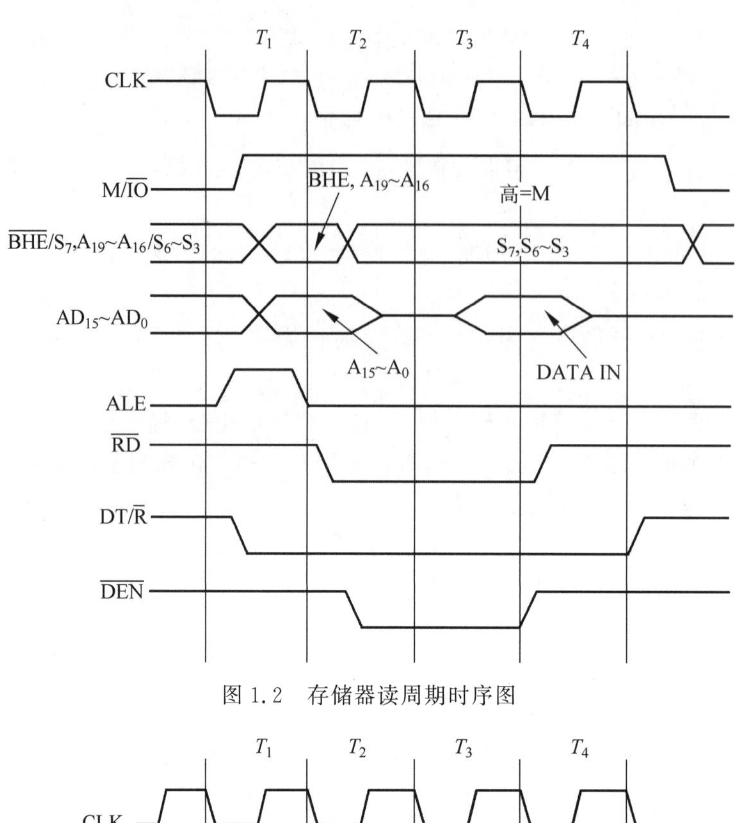

图 1.2 存储器读周期时序图

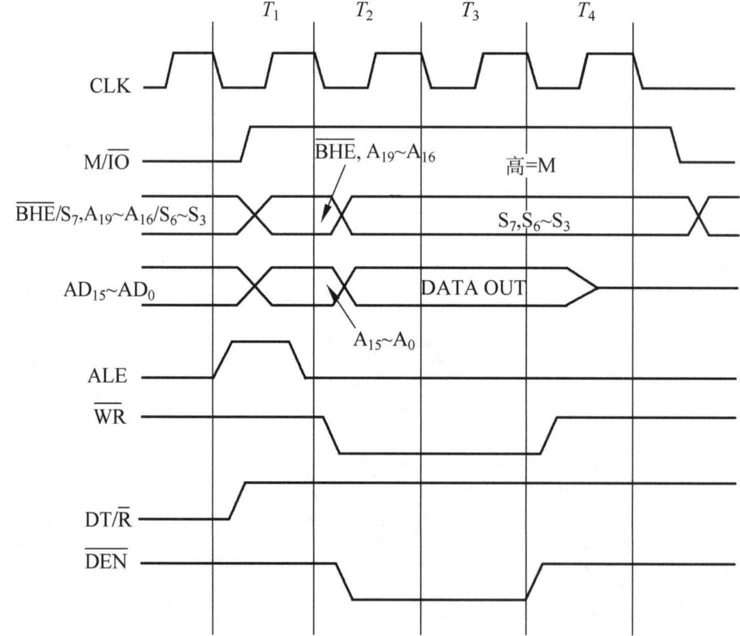

图 1.3 存储器写周期时序图

(2) 读操作和写操作的主要区别如下。

① $DT/\overline{R}$ 控制信号在读周期中为低电平,在写周期中为高电平。

② 在读周期中,$\overline{RD}$ 控制信号在 $T_2 \sim T_3$ 周期为低电平(有效电平);在写周期中,$\overline{WR}$ 控制信号为低电平(有效电平)。

③ 在读周期中,数据信息一般出现在 T_2 周期以后。在 T_2 周期,$AD_{15} \sim AD_0$ 进入高

阻态，此时，内部引脚逻辑发生转向，由输出变为输入，以便为读入数据做准备。而在写周期中，数据信息在双重总线上是紧跟在地址总线有效之后立即由 CPU 送上的，两者之间无高阻态。

(3) 存储器操作同 I/O 操作的区别如下：在存储器周期中，控制信号 $M/\overline{IO}$ 始终为高电平；而在 I/O 周期中，$M/\overline{IO}$ 始终为低电平。

(4) CPU 在每个总线周期的 T_3 状态开始采样 READY 信号，若为低电平，则表示被访问的存储器或 I/O 设备的数据还未准备好，此时应在 T_3 状态之后插入一个或几个 T_W 周期，直到 READY 变为高电平，才进入 T_4 状态，完成数据传送，从而结束当前总线周期。

1.2.2 习题

1. 选择题。

(1) 在 8086/8088 的总线周期中，ALE 信号在 T_1 期间有效。它是一个(　　)。

A. 负脉冲，用于锁存地址信息

B. 负脉冲，用于锁存数据信息

C. 正脉冲，用于锁存地址信息

D. 正脉冲，用于锁存数据信息

(2) 8086/8088 的最大模式和最小模式相比至少需增设(　　)。

A. 数据驱动器　　B. 中断控制器

C. 总线控制器　　D. 地址锁存器

(3) 在 8086 CPU 中，不属于总线接口部件的是(　　)。

A. 20 位的地址加法器　　B. 指令队列

C. 段地址寄存器　　D. 通用寄存器

(4) 在 8088 系统中，只需 1 片 8286 就可以构成数据总线收发器，而 8086 系统中构成数据总线收发器的 8286 芯片的数量为(　　)。

A. 1　　B. 2

C. 3　　D. 4

(5) CPU 内部的中断允许标志位 IF 的作用是(　　)。

A. 禁止 CPU 响应可屏蔽中断　　B. 禁止中断源向 CPU 发中断请求

C. 禁止 CPU 响应 DMA 操作　　D. 禁止 CPU 响应非屏蔽中断

(6) 在 8086 的存储器写总线周期中，微处理器给出的控制信号(最小模式下)$\overline{WR}$、$\overline{RD}$、$M/\overline{IO}$ 分别是(　　)。

A. 1、0、1　　B. 0、1、0　　C. 0、1、1　　D. 1、0、0

(7) 当 8086 CPU 从总线上撤销地址，而使总线的低 16 位置成高阻态时，其最高 4 位用来输出总线周期的(　　)。

A. 数据信息　　B. 控制信息　　C. 状态信息　　D. 地址信息

(8) 8086 CPU 在进行 I/O 写操作时，$M/\overline{IO}$ 和 $DT/\overline{R}$ 必须是(　　)。

A. 0、0　　B. 0、1　　C. 1、0　　D. 1、1

(9) 若在一个总线周期中，CPU 对 READY 信号进行了 5 次采样，那么该总线周期共包含时钟周期的数目为(　　)。

A. 5　　B. 6　　C. 7　　D. 8

(10) 8086系统复位后,下面的叙述错误的是(　　)。

A. 系统从FFFF0H处开始执行程序

B. 系统此时能响应INTR引入的中断

C. 系统此时能响应NMI引入的中断

D. DS中的值为0000H

(11) CPU访问内存时,$\overline{RD}$信号开始有效对应的状态是(　　)。

A. T_1　　B. T_2　　C. T_3　　D. T_4

(12) 下列说法中属于最小工作模式特点的是(　　)。

A. CPU提供全部的控制信号　　B. 由编程进行模式设定

C. 不需要8286收发器　　D. 需要总线控制器8288

(13) 8088 CPU的指令队列缓冲器由(　　)组成。

A. 1字节移位寄存器　　B. 4字节移位寄存器

C. 6字节移位寄存器　　D. 8字节移位寄存器

(14) 在8086/8088 CPU中,与DMA操作有关的控制线是(　　)。

A. NMI　　B. HOLD　　C. INTR　　D. $\overline{INTA}$

(15) 8086 CPU中,不属于EU部分的寄存器是(　　)。

A. IP　　B. BP　　C. DI　　D. SP

2. 填空题。

(1) 8086/8088微处理器被设计为两个独立的功能部件:________和________。

(2) 当8086进行堆栈操作时,CPU会选择________段寄存器来形成20位堆栈地址。

(3) 8086 CPU时钟频率为5MHz时,它的典型总线周期为________ns。

(4) 8086 CPU的最大方式和最小方式是由引脚________信号的状态决定的。

(5) 当Intel 8086工作在最大方式时,需要________芯片提供控制信号。

(6) 若8086系统用8位的74LS373来作为地址锁存器,那么需要________片这样的芯片。

(7) 根据功能不同,8086的标志位寄存器可分为________标志和________标志。

(8) 8086/8088 CPU中与中断操作有关的控制标志位是________,与串操作有关的控制标志位是________,与单步操作有关的控制标志位是________。

(9) 8086 CPU在执行指令过程中,当指令队列已满,且EU对BIU又没有总线访问请求时,BIU进入________状态。

(10) 复位后,8086将从________地址开始执行指令。

(11) 8086/8088 CPU的A_{19}/S_6～A_{16}/S_3在总线周期的T_1期间,用来输出________位地址信息中的________位,而在其他时钟周期内,用来输出________信息。

(12) 8086 CPU工作在最小模式下,控制数据流方向的信号是________、________、________、________、________。

(13) 当8086/8088 CPU在进行写数据操作时,控制线$\overline{RD}$、$\overline{WR}$应分别输出________电平、________电平。

(14) 为了减轻总线负载,总线上的部件大都具有三态逻辑,三态逻辑电路输出信号的三个状态是________、________、________。

3. 完成下列各式补码运算，并根据结果设置标志位 SF、ZF、CF、OF。

(1) 96+(−19)　　(2) 90+107　　(3) (−33)+14　　(4) (−33)+(−14)

4. 写出下列存储器地址的段地址、偏移地址和物理地址。

(1) 2314H:0035H　　(2) 1FD0H:000AH

5. 在 8086 系统中，下一条指令所在单元的物理地址是如何计算的？

6. 若某存储器容量为 2KB，在计算机存储系统中，其起始地址为 2000H:3000H，请计算出该存储器物理地址的范围。

7. 8086 的复位信号是什么？有效电平是什么？CPU 复位后，寄存器和指令队列处于什么状态？

8. 8086 CPU 标志寄存器中的控制位有几个？简述它们的含义。

9. 设 8088 的时钟频率为 5MHz，总线周期中包含 2 个 T_W 等待周期。问：

(1) 该总线周期是多少？

(2) 该总线周期内对 READY 信号检测了多少次？

10. 8086 CPU 与 8088 CPU 的主要区别有哪些？

11. 8086/8088 CPU 由哪两部分构成？它们的主要功能是什么？

12. 8086 CPU 系统中为什么要用地址锁存器？

13. 8086/8088 CPU 处理非屏蔽中断 NMI 和可屏蔽中断 INTR 有何不同？

14. 简述 8086/8088 CPU 中指令队列的功能和工作原理。

15. 简述 8086/8088 CPU 中 $\overline{DEN}$、DT/$\overline{R}$ 控制线的作用。

16. 说明空闲状态的含义。

17. 简述时钟发生器 8284 的功能。

18. 简要说明 8086、80286、80386 CPU 的主要区别。

1.3　16 位/32 位微处理器指令系统

1.3.1　例题

1. 指出下列指令中源操作数的寻址方式。

(1) MOV　AX, 002FH

(2) MOV　BX, [SI]

(3) MOV　CX, [BX+SI+2]

(4) MOV　DX, DS:[1000H]

(5) MOV　SI, BX

(6) MOV　SI, [BX+8]

解：

(1) 立即寻址

(2) 寄存器间接寻址

(3) 基址变址寻址

(4) 直接寻址

(5) 寄存器寻址

(6) 基址寻址

2. 若寄存器 AX、BX、CX、DX 的内容分别为 18、19、20、21 时,依次执行 PUSH AX,PUSH BX,POP CX,POP DX 后,寄存器 CX、DX 的内容为多少?

解:执行 PUSH AX 指令后,将 18 压入堆栈,(SP)-2→SP;

执行 PUSH BX 指令后,将 19 压入堆栈,(SP)-2→SP;

执行 POP CX 指令后,将 19 从堆栈中弹出,放入 CX,(SP)+2→SP;

执行 POP DX 指令后,将 18 从堆栈中弹出,放入 DX,(SP)+2→SP;

故上述四条指令执行后,(CX)=19,(DX)=20。

3. 指出下列指令的错误所在。

(1) MOV AL, SI

(2) MOV BL, [SI][DI]

(3) XCHG CL, 100

(4) PUSH AL

(5) IN AL, 256

(6) MOV BUF, [SI]

(7) SHL AL, 2

(8) MOV DS, 2000H

(9) MUL 100

(10) MOV AL, BYTE PTR SI

(11) MOV ES, DS

(12) MOV CS,AX

解:

(1) AL、SI 的数据类型不匹配;

(2) 不允许同时使用变址寄存器 SI、DI,正确的基址变址寻址方式中应运用一基址、一变址寄存器;

(3) 只能在寄存器与存储器单元或寄存器之间交换数据;

(4) 只能向堆栈中压入字类型数据;

(5) I/O 端口地址若超过 8 位,应该由 DX 寄存器提供;

(6) 两操作数不能同时为存储器操作数;

(7) 移位次数大于 1,应该由 CL 寄存器提供;

(8) 立即数不能直接送给段寄存器;

(9) 乘法指令的操作数不能是立即数;

(10) PTR 算符不能运用于寄存器寻址方式;

(11) 两个段寄存器之间不能相互传送数据;

(12) 立即数、CS 和 IP 不能作为目的操作数。

4. 执行下列指令序列后,AX 和 CF 中的值是多少?

```
STC
MOV     CX, 0403H
```

```
MOV     AX, 0A433H
SAR     AX, CL
XCHG    CH, CL
SHL     AX, CL
```

解：

```
STC                     ; CF = 1
MOV     CX, 0403H       ;(CX) = 0403H
MOV     AX, 0A433H      ;(AX) = 0A433H
SAR     AX, CL          ;算术右移 3 位,(AX) = 0F486H
XCHG    CH, CL          ;互换 CH、CL 中内容,(CX) = 0304H
SHL     AX, CL          ;逻辑左移 4 位,(AX) = 4860H,CF = 1
```

所以,(AX)=4860H,CF=1。

5. 设计指令序列,完成下列功能。

(1) 写出将 AL 的最高位置 1,最低位取反,其他位保持不变的指令段。

(2) 写出将 AL 中的高 4 位和低 4 位数据互换的指令段。

(3) 检测 AL 中的最高位是否为 1,若为 1,则转移到标号 NEXT 处,否则顺序执行。请用两条指令完成。

(4) 写出将立即数 06H 送到端口地址为 3F00H 的端口的指令序列。

解：

```
(1) OR      AL, 80H
    XOR     AL, 01H
(2) MOV     CL, 4
    ROR     AL, CL
(3) TEST    AL, 80H
    JNZ     NEXT
(4) MOV     AL, 06H
    MOV     DX, 3F00H
    OUT     DX, AL
```

1.3.2 习题

1. 选择题。

(1) 标志寄存器中属于控制标志位的是(　　)。

A. DF、OF、SF　　B. DF、IF、TF

C. OF、CF、PF　　D. AF、OF、SF

(2) 已知某操作数的物理地址是 2117AH,则它的段地址和偏移地址可能是(　　)。

A. 2108H:00EAH　　B. 2100H:117AH

C. 2025H:0F2AH　　D. 2000H:017AH

(3) 8086 在基址变址的寻址方式中,基址、变址寄存器分别是(　　)。

A. AX 或 CX、BX 或 CX　　B. BX 或 BP、SI 或 DI

C. SI 或 BX、DX 或 DI　　D. CX 或 DI、CX 或 SI

(4) 下列指令中,正确的是(　　)。

A. MOV CS,BX　　B. MOV　AX,TAB2-TAB1+100

C. OUT CX,AL　　D. INC [SI]

(5) 下列指令执行后有可能影响CS值的指令数目是(　　)。

```
JMP、 MOV、 RET、 ADD、 INT
JC、 LODS、 CALL、 MUL、 POP
```

A. 3　　B. 4　　C. 5　　D. 6

(6) 设(SS)=338AH,(SP)=0450H,执行PUSH BX和PUSHF两条指令后,堆栈顶部的物理地址是(　　)。

A. 33CECH　　B. 33CF2H　　C. 33CF4H　　D. 33CE8H

(7) 若(AX)=-15,要得到(AX)=15应执行的指令是(　　)。

A. NEG AX　　B. NOT AX　　C. INC AX　　D. DEC AX

(8) 若(SP)=0124H,(SS)=3300H,在执行RET 4这条指令后,栈顶的物理地址可能为(　　)。

A. 33120H　　B. 3311EH　　C. 33128H　　D. 3312AH

(9) 已知程序序列为:

```
ADD  AL,BL
JNO  L1
JNC  L2
```

若AL和BL的内容有以下4组给定值,使该指令序列转向L2执行的给定值是(　　)。

A. (AL)=0B6H、(BL)=87H　　B. (AL)=05H、(BL)=0F8H

C. (AL)=68H、(BL)=74H　　D. (AL)=81H、(BL)=0A2H

(10) 以下3条指令执行后,(DX)=(　　)。

```
MOV  DX,0
MOV  AX,0FFABH
CWD
```

A. 0FFABH　　B. 0　　C. 0FFFFH　　D. 无法确定

(11) 设(AX)=0C544H,在执行指令ADD AH,AL后,相应的状态为(　　)。

A. CF=0、OF=0　　B. CF=0、OF=1

C. CF=1、OF=0　　D. CF=1、OF=1

(12) 不能将累加器AX内容清0的指令是(　　)。

A. AND AX, 0　　B. XOR AX, AX

C. SUB AX, AX　　D. CMP AX, AX

(13) 将变量BUF的偏移地址送入SI的正确指令是(　　)。

A. MOV [SI], BUF　　B. MOV SI, BUF

C. LEA SI, BUF　　D. MOV OFFSET BUF, SI

(14) INC指令不影响(　　)标志。

A. OF　　B. CF　　C. ZF　　D. SF

(15) 下列判断累加器AX内容是否为全0的4种方法中,正确的有(　　)种。

① SUB AX, 0
　JZ L1

② XOR AX, 0
　JZ L1

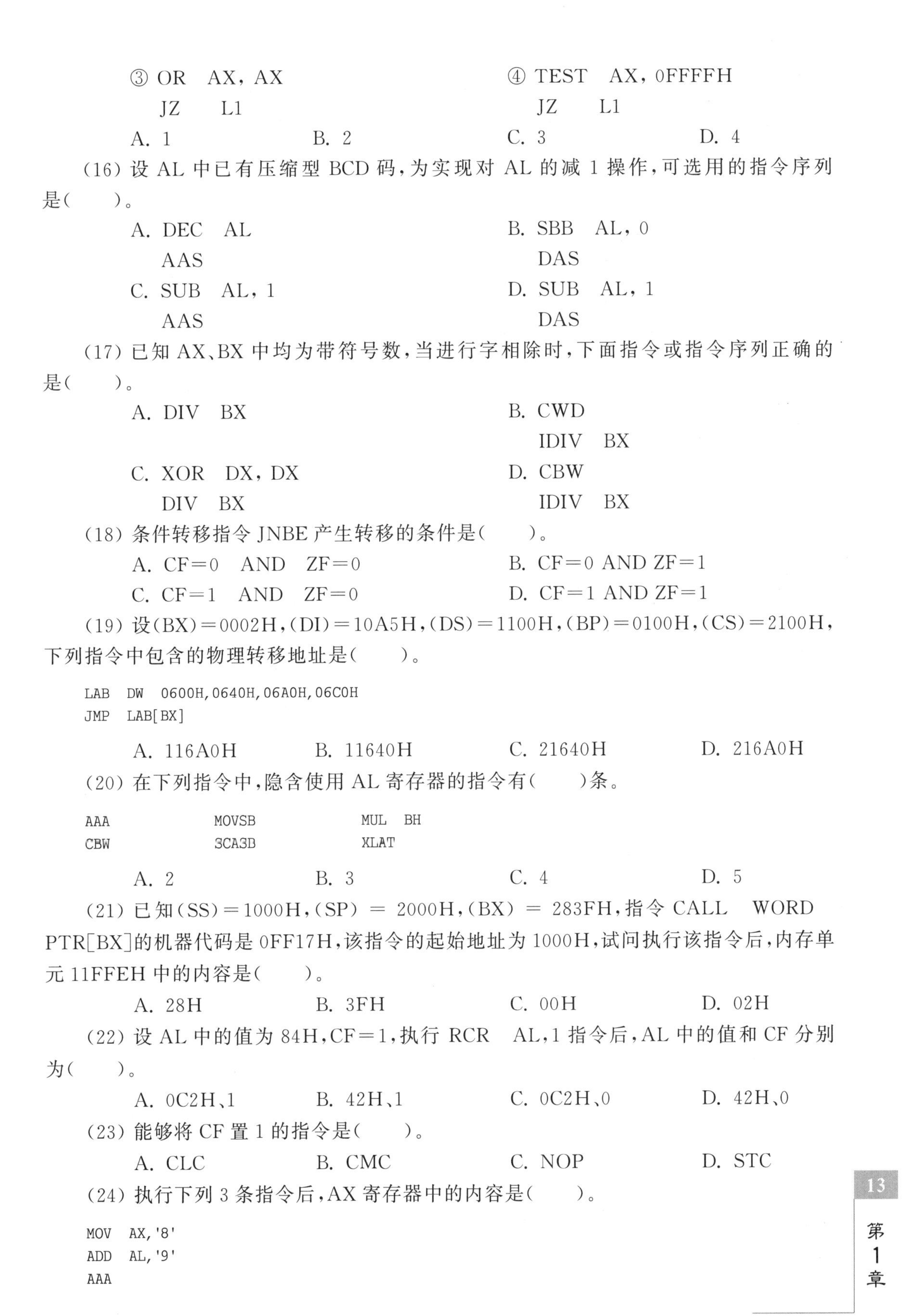

③ OR　AX, AX
　JZ　L1

④ TEST　AX, 0FFFFH
　JZ　L1

A. 1　　B. 2　　C. 3　　D. 4

(16) 设 AL 中已有压缩型 BCD 码，为实现对 AL 的减 1 操作，可选用的指令序列是(　　)。

A. DEC　AL
　AAS

B. SBB　AL, 0
　DAS

C. SUB　AL, 1
　AAS

D. SUB　AL, 1
　DAS

(17) 已知 AX、BX 中均为带符号数，当进行字相除时，下面指令或指令序列正确的是(　　)。

A. DIV　BX

B. CWD
　IDIV　BX

C. XOR　DX, DX
　DIV　BX

D. CBW
　IDIV　BX

(18) 条件转移指令 JNBE 产生转移的条件是(　　)。

A. CF=0　AND　ZF=0　　B. CF=0 AND ZF=1
C. CF=1　AND　ZF=0　　D. CF=1 AND ZF=1

(19) 设(BX)=0002H，(DI)=10A5H，(DS)=1100H，(BP)=0100H，(CS)=2100H，下列指令中包含的物理转移地址是(　　)。

```
LAB  DW  0600H,0640H,06A0H,06C0H
JMP  LAB[BX]
```

A. 116A0H　　B. 11640H　　C. 21640H　　D. 216A0H

(20) 在下列指令中，隐含使用 AL 寄存器的指令有(　　)条。

```
AAA            MOVSB          MUL  BH
CBW            SCASB          XLAT
```

A. 2　　B. 3　　C. 4　　D. 5

(21) 已知(SS)=1000H，(SP) = 2000H，(BX) = 283FH，指令 CALL　WORD PTR[BX]的机器代码是 0FF17H，该指令的起始地址为 1000H，试问执行该指令后，内存单元 11FFEH 中的内容是(　　)。

A. 28H　　B. 3FH　　C. 00H　　D. 02H

(22) 设 AL 中的值为 84H，CF=1，执行 RCR　AL，1 指令后，AL 中的值和 CF 分别为(　　)。

A. 0C2H、1　　B. 42H、1　　C. 0C2H、0　　D. 42H、0

(23) 能够将 CF 置 1 的指令是(　　)。

A. CLC　　B. CMC　　C. NOP　　D. STC

(24) 执行下列 3 条指令后，AX 寄存器中的内容是(　　)。

```
MOV  AX,'8'
ADD  AL,'9'
AAA
```

A. 0071H　　B. 0107H　　C. 0017H　　D. 0077H

(25) 下列指令执行后,能影响标志位的指令是(　　)。

A. LOOPNZ　NEXT　　B. JNZ　NEXT

C. MOV AX,2400H　　D. INT　21H

(26) 若(DX)=1234H,(IP) =5678H,执行JMP DX指令后,寄存器变化正确的是(　　)。

A. (DX)=1234H、(IP)=5678H　　B. (DX)=1234H、(IP) =1234H

C. (DX)=5678H、(IP)=5678H　　D. (DX)=5678H、(IP)=1234H

(27) 对于下列程序段:

```
AGAIN:MOV  ES:[DI],AL
      INC  DI
      LOOP  AGAIN
```

在下列指令中,可完成与上述程序段相同功能的指令是(　　)。

A. REP　MOVSB　　B. REP　STOSB

C. REP　LODSB　　D. REP　SCASB

2. 填空题。

(1) 与指令MOV　BX,OFFSET　DATA等效的指令是________。

(2) 对寄存器BX的内容求补的正确指令是________。

(3) 使AL中的操作数0、1位变反,其他位不变的指令是________。

(4) 设(SP)=0100H,(AX)=2107H,执行指令PUSH AX后,存放数据21H的偏移地址是________。

(5) 设(SP)=0100H,(SS)=2100H,执行指令POP AX后,堆栈栈顶的物理地址是________。

(6) 设(CS)=3100H,(DS)=40FFH,并且两段空间均为64K个单元,那么这两段的重叠区域为________个单元。

(7) 若物理地址为2D8C0H,偏移量为0B6A0H,则段地址为________。

(8) 执行下列指令后,(AL)= ________,(BL)= ________。

```
MOV  AL,BL
NOT  AL
XOR  AL,BL
OR   BL,AL
```

(9) 执行下列指令后,寄存器AH的值是________,寄存器AL的值是________,寄存器DX的值是________。

```
MOV  AX,1234H
MOV  CL,4
ROL  AX,CL
DEC  AX
MOV  CX,4
MUL  CX
HLT
```

(10) 已知(AX)=0FFFFH,(DX)=0001H,下列程序执行后,(DX)=________,(AX)=________。

```
    MOV    CX,2
LOP: SHL    AX,1
    RCL    DX,1
    LOOP   LOP
```

(11) 填写执行下列程序段后的结果。

```
MOV     DX,8F70H
MOV     AX,54EAH
OR      AX,DX
AND     AX,DX
NOT     AX
XOR     AX,DX
TEST    AX,DX
```

(AX)=________、(DX)=________、 SF=________、

OF=________、CF=________、PF=________、 ZF=________。

(12) 执行下列程序段后,AX 的内容为________。

```
DAT1   DW 12H,23H,34H,46H,57H
DAT2   DW 03H
LEA    BX,DAT1
ADD    BX,DAT2
MOV    DX,[BX]
MOV    AX,4[BX]
SUB    AX,DX
```

3. 设(DS)=2000H,(SS)=1500H,(ES)=3000H,(SI)=00B0H,(BX)=1000H,(BP)=0020H,指出下列指令的源操作数的寻址方式。若该操作数为存储器操作数,请计算其物理地址。

(1) MOV　AX,DS:[0100H]

(2) MOV　BX,0100H

(3) MOV　AX,ES:[SI]

(4) MOV　CL,[BP]

(5) MOV　AX,[BX][SI]

(6) MOV　CX,BX

(7) MOV　AL,3[BX][SI]

(8) MOV　AL,[BX+20]

4. 段地址和偏移地址为 3017:000AH 的存储单元的物理地址是什么?如果该存储单元位于当前数据段,写出将该单元内容放入 AL 中的指令。

5. 判别下列指令的对错,如有错误,请指出其错误所在。

(1) MOV　AX,BL

(2) MOV　AL,[SI]

(3) MOV　AX,[SI]

(4) PUSH　CL

(5) MOV　DS,3000H

(6) SUB　3[SI][DI],BX

(7) DIV　10

(8) MOV　AL,ABH

(9) MOV　BX,OFFSET [SI]

(10) POP　CS

(11) MOV　AX,[CX]

(12) MOV　[SI],ES:[DI+8]

(13) IN　255H,AL

(14) ROL　DX,4

(15) MOV　BYTE　PTR [DI],1000

(16) OUT　BX,AL

(17) MOV　SP,SS:DATA_WORD[BX][SI]

(18) LEA　DS,35[DI]

(19) MOV　ES,DS

(20) PUSH　F

6. 设(DS)=1000H,(AX)=050AH,(BX)=2A80H,(CX)=3142H,(SI)=0050H,(10050H)=3BH,(10051H)=86H,(11200H)=7AH,(11201H)=64H,(12AD0H)=0A3H,(12AD1H)=0B5H。试分析下列指令分别执行后AX中的内容。

(1) MOV　AX,1200H

(2) MOV　AX,DS:[1200H]

(3) MOV　AX,[SI]

(4) OR　AX,[BX][SI]

(5) MOV　AX,50H[BX]

7. 设某用户程序(SS)=0925H,(SP)=30H,(AX)=1234H,(DS)=5678H,如有两条进栈指令:

```
PUSH  AX
PUSH  DS
```

试列出两条指令执行后,堆栈中各单元变化情况,并给出堆栈指针SP的值。

8. 设(AL)=2FH,(BL)=97H,试写出下列指令分别执行后CF、SF、ZF、OF、AF和PF的内容。

(1) ADD　AL,BL

(2) SUB　AL,BL

(3) AND　AL,BL

(4) OR　AL,BL

(5) XOR　AL,BL

9. 执行下列程序段后,AX和CF中的值是多少?

```
STC
MOV     CX,0403H
MOV     AX,0A433H
SAR     AX,CL
```

```
XCHG    CH,CL
SHL     AX,CL
```

10. 设(AX)=0119H,试分析执行下列程序段后,AX 和 CF 的内容分别是什么?

```
MOV     CH,AH
ADD     AL,AH
DAA
XCHG    AL,AH
ADC     AL,34H
DAA
XCHG    AH,AL
HLT
```

11. 分析下面的程序段,执行后 AX 和 IP 的内容是什么?

```
MOV     BX,16
MOV     AX,0FFFFH
MUL     BX
JMP     DX
```

12. 下列程序段运行后,HCOD 和 HCOD+1 两字节单元内容是什么?

```
HEX     DB  '0123456789ABCDEF'
HCOD    DB  ?,?
      ⋮
MOV     BX,OFFSET HEX
MOV     AL,1AH
MOV     AH,AL
AND     AL,0FH
XLAT
MOV     HCOD[1],AL
MOV     CL,12
SHR     AX,CL
XLAT
MOV     HCOD,AL
```

13. 下列程序运行后,Z 单元的内容是什么?简要说明程序的功能(设 X、Y 单元的内容分别为 90H、0B0H)。

```
MOV     AX,0
MOV     AL,X
ADD     AL,Y
ADC     AH,0
MOV     BL,2
DIV     BL
MOV     Z,AL
```

14. 分析下面程序段,程序运行后 AL、BL 中的内容分别是什么?

```
MOV     AL,200
SHR     AL,1
MOV     BL,AL
MOV     CL,2
SHR     AL,CL
ADD     AL,BL
```

15. 分析下面程序段，程序运行后 AL、CF 中的内容分别是什么？

```
MOV     AH,0
MOV     AL,01H
MOV     BL,4
NEG     AL
DIV     BL
MOV     CL,02H
RCL     AL,CL
```

16. 下列程序段执行后,CL 内容分别是什么？CF 是 1 还是 0？

```
MOV     AL,1
MOV     BL,AL
MOV     CL,AL
NEG     AL
ADC     CL,BL
```

17. 下列程序执行到 NEXT 时,CX 和 ZF 的内容分别是什么？

```
STR1    DB 'COMPUTERNDPASCAL'
SCA     DB 'N'
        ⋮
LEA     DI,STR1
MOV     AL,SCA
MOV     CX,10H
CLD
REPNE   SCASB
NEXT: …
```

18. 已知 DS 和 ES 指向同一个段,且当前数据段从 0000H 到 00FFH 单元内容分别为 01H,02H,03H,…,0FFH,00H。下列程序段执行后,0000～0009H 的内容是什么？

```
MOV     SI,0000H
MOV     DI,0001H
MOV     CX,0080H
CLD
REP     MOVSBV
```

19. 执行下列程序段后,SP 及 CF 的值分别是多少？

```
MOV     SP,6000H
PUSHF
POP     AX
OR      AL,01H
PUSH    AX
POPF
```

20. 填入适当指令,使程序段能实现将 AL 中低位十六进制数转换为 ASCII 码。

```
    AND  AL,0FH
    ADD  AL,30H
    CMP  AL,3AH
    JL   LP2
    ________
LP2: …
```

1.4 汇编语言程序设计

1.4.1 例题

1. 设有一数据段 DSEG,其中连续定义下列 5 个变量或常量,用段定义语句和数据定义语句写出数据段:

(1) DATA1 为一个字符串变量:'WELCOME TO MASM!'。

(2) DATA2 为十进制字节变量:32,90,−20。

(3) DATA3 为连续 10 个 00H 的字节变量。

(4) DATA4 为双字变量,其初始值为 12345678H。

(5) COUNT 为一符号常量,其值为以上 4 个变量所用字节数。

解:定义数据段如下。

```
DSEG     SEGMENT
DATA1    DB  'WELCOME TO MASM!'
DATA2    DB  32,90, - 20
DATA3    DB  10 DUP (00H)
DATA4    DD  12345678H
COUNT    EQU  $ - DATA1
DSEG     ENDS
```

其中,$-DATA1 中 $ 表示当前汇编地址计数器值,用其减去 DATA1 的偏移地址可得该数据段所用字节数。

2. 设有以下数据段定义:

```
DSEG    SEGMENT
X1      EQU  30H
X2      EQU  70H
X3      EQU  0F7H
DSEG    ENDS
```

下列指令执行后,AL 中的内容分别是多少?

(1) MOV AL,X1+X2

(2) MOV AL,X2 MOD X1

(3) MOV AL,X1 EQ X3

(4) MOV AL,X1 AND X3

(5) MOV AL,X1 OR X3

(6) MOV AL,X2 GT X1

解:

(1) (AL)= 30H+70H = 0A0H

(2) (AL)= 70H MOD 30H = 10H

(3) X1 EQ X3 = 30H EQ 70H 为逻辑运算,其值为假,故(AL)=00H

(4) (AL) = X1 AND X3 = 30H AND 0F7H = 30H

(5) (AL)= X1 OR X3 = 30H OR 0F7H = 0F7H

(6) X2 GT X1 = 70H GT 30H 为逻辑运算,其值为真,故(AL)=0FFH

3. 分析下列程序段,回答所提问题。

```
    DA1     DW  1F28H
    DA2     DB  ?
    ...
    XOR     BL,BL
    MOV     AX,DA1
LOP: AND    AX,AX
    JZ      EXIT
    SHL     AX,1
    JNC     LOP
    INC     BL
    JMP     LOP
EXIT: MOV   DA2,BL
```

试问:

(1) 程序段执行后,DA2 字节单元内容是什么?

(2) 在程序段功能不变的情况下,是否可用 SHR 指令代替 SHL 指令?

解:

```
    XOR       BL,BL      ;(BL) = 0
    MOV       AX,DA1     ;(AX) =  1F28H
LOP: AND      AX,AX      ;使标志位根据 AX 中内容而变化
    JZ        EXIT       ;若(AX) = 0,则转 EXIT
    SHL       AX,1       ;逻辑左移 1 位,移出位进入 CF
    JNC       LOP
    INC       BL         ;若 CF = 1,则 BL 加 1
    JMP       LOP
EXIT: MOV     DA2,BL
```

(1) 如上分析,该程序段被用来统计 DA1 中内容含二进制 1 的个数。DA2 字节单元内容为 DA1 中内容含二进制 1 的个数,也即(DA2)=7。

(2) 无论逻辑左移还是逻辑右移指令,均能将 DA1 中的二进制数位一位一位地移到 CF 中,其程序段功能不变,故可用 SHR 指令代替 SHL 指令。

4. 分析下列程序段,回答所提问题。

```
DA1     DB  87H
DA2     DB  ?
        ⋮
XOR     AH,AH
MOV     AL,DA1
MOV     CL,4
        ⋮
SHR     AL,CL
MOV     DL,10
MUL     DL
MOV     BL,DA1
AND     BL,0FH
ADD     AL,BL
MOV     DA2,AL
```

试问:

(1) 程序段执行后,DA2 字节单元内容是什么?

(2) 在程序段功能不变的情况下,是否可用 SAR 指令代替 SHR 指令?

解:

```
XOR     AH,AH       ;(AH) = 0
MOV     AL,DA1      ;(AL) =  87H
MOV     CL,4        ;
SHR     AL,CL       ;取 AL 的高 4 位,(AL) = 08H
MOV     DL,10
MUL     DL          ;高四位的数字乘以 10
MOV     BL,DA1
AND     BL,0FH      ;取 DA1 的低 4 位
ADD     AL,BL
MOV     DA2,AL      ;相加得到(DA2) = 57H
```

分析:将 DA1 的高 4 位乘以 10,再加上低 4 位,实际完成了将 DA1 中的 BCD 码转换为二进制的运算。

由分析得:(DA2)=57H。

在程序段功能不变的情况下,不能用 SAR 指令代替 SHR 指令,因为 SAR 不能将 AL 的高 4 位从其中分离出来。

5. 分析下列程序段,回答所提问题。

```
DA_B     DB  0CH,9,8,0FH,0EH,0AH,2,3,7,4
          ⋮

XOR      AX, AX
         XOR  CL,CL
         XOR  BX,BX
LOP:     TEST  DA_B[BX],01H
         JE    NEXT
         ADD  AL,DA_B[BX]
         INC  AH
NEXT:    INC  BX
         INC  CL
         CMP  CL,10
         JNE  LOP
```

试问:

(1) 上述程序段执行后,AH、AL 寄存器中的内容是什么?

(2) 若将 JE　NEXT 指令改为 JNE　NEXT,那么 AH、AL 寄存器中的内容又是什么?

解:

```
    XOR    AX,AX           ;(AX) = 0
    XOR    CL,CL           ;(CL) = 0
    XOR    BX,BX           ;(BX) = 0
LOP: TEST  DA_B[BX],01H
    JE     NEXT            ;若 DA_B[BX]中二进制数的最低位为 0,转 NEXT
    ADD    AL,DA_B[BX]     ;否则累加该数到 AL
    INC    AH              ;统计奇数个数到 AH
NEXT: INC  BX              ;修改指针,指向下一个二进制数
```

```
    INC     CL
    CMP     CL,10
    JNE     LOP              ;对10个数完成以上操作后,停止
```


(1) 分析可知,该程序实际是对10个数中的奇数求和。所以,(AH)=4;(AL)=34。

(2) 若将JE　NEXT指令改为JNE　NEXT,则程序功能变为统计偶数的个数,并累加它们的值,故(AH)=6;(AL)=50。

6. 编写完整的汇编源程序,统计下面定义的数据缓冲区BUF中非数字字符的个数,放入COUNT单元。设该数据缓冲区最后一个字符为$,数字字符指0~9。

```
DSEG    SEGMENT
BUF     DB '4334as432bbGGGn34kkkk $ '
COUNT   DW  0
DSEG    ENDS
```

解:

(1) 由于程序必须反复地从BUF中取出字符并判断,故采用循环程序结构。

(2) BUF缓冲区的最后一个字符为$,故采用条件判断法来控制循环结束。

(3) 非数字字符的个数是指ASCII码小于30H或大于39H的字符。

程序设计如下:

```
DSEG    SEGMENT
BUF     DB  '4334as432bbGGGn34kkkk $ '
SUM     DW  0
DSEG    ENDS
SSEG    SEGMENT  STACK
STK     DB  100  DUP (?)
SSEG    ENDS
CSEG    SEGMENT
        ASSUME  DS:DSEG,SS:SSEG,CS:CSEG
START:   MOV    AX,DSEG
         MOV    DS,AX
         MOV    SI,OFFSET  BUF
         MOV    DX,0
  LP0:   MOV    AL,[SI]
         CMP    AL,' $ '
         JE     EXIT
         CMP    AL,'0'
         JNC    LP1
         INC    DX
         JMP    LP2
  LP1:   CMP    AL,3AH
         JC     LP2
         INC    DX
  LP2:   INC    SI
         JMP    LP0
  EXIT:  MOV    COUNT,DX
         MOV    AH,4CH
         INT    21H
CSEG     ENDS
         END    START
```

1.4.2 习题

1. 选择题。

(1) 在计算机内部,计算机能够直接执行的程序语言是(　　)。

A. 汇编语言　　B. 高级语言　　C. 机器语言　　D. C 语言

(2) 执行下面的程序段后,BX 的内容是(　　)。

```
NUM =  100
MOV   BX, NUM   NE 50
```

A. 50　　B. 0　　C. 0FFFFH　　D. 1

(3) 数据定义为 BUF　DW　1,2,3,4,执行指令 MOV　CL,SIZE BUF 后,CL 寄存器的内容是(　　)。

A. 1　　B. 0　　C. 0FFFFH　　D. 2

(4) 假设 VAR 为变量,则指令 MOV　SI,OFFSET　VAR 的源操作数的寻址方式是(　　)。

A. 间接寻址　　B. 存储器寻址　　C. 寄存器寻址　　D. 立即寻址

(5) 数据定义为 BUF　DB '1234',执行指令 MOV　CL, LENGTH BUF 后,CL 寄存器的内容是(　　)。

A. 1　　B. 2　　C. 3　　D. 4

(6) 设数据段定义如下:

```
      DATA   SEGMENT
      ORG    0100H
X1    DB     25,'25'
X2    DW     ?
Y1    EQU    X1
Y2    EQU     $ - Y1
      DATA   ENDS
```

① MOV BX,OFFSET X1 指令执行后,BX 中的内容是(　　)。

A. 25　　B. 0100H　　C. 0000H　　D. '25'

② 汇编后 Y2 的值是(　　)。

A. 4　　B. 5　　C. 3　　D. 6

③ MOV　AL,Y1+1 指令执行后,AL 中的内容是(　　)。

A. 19H　　B. 01H　　C. 35H　　D. 32H

(7) 设数据段定义如下:

```
DATA   SEGMENT
NA     EQU     15
NB     EQU     10
NC     DB      2 DUP (4,2 DUP (5,2))
CNT    DB       $ - NC
CWT    DW       $ - CNT
ND     DW      NC
DATA   ENDS
```

① 从 DS:0000 开始至 CNT 单元之前存放的数据依次是(　　)。

A. 15、10、4、5、2、5、2、4、5、2、5、2

B. 15、10、4、2、5、2、4、2、5、2

C. 0FH、0AH、4、5、2、5、2

D. 4、5、2、5、2、4、5、2、5、2

② ND单元中的值是(　　)。

A. 0000H　　B. 0200H　　C. 0003H　　D. 0002H

③ CWT单元中的值是(　　)。

A. 2　　B. 1　　C. 11　　D. 12

(8) 已知VAR DW 1,2,$ +2,5,6,若汇编VAR分配的偏移地址是0010H,则汇编0014H单元的内容是(　　)。

A. 05H　　B. 06H　　C. 16H　　D. 14H

(9) 使用8086/8088汇编语言的伪操作命令定义:

```
VAR  DB  2 DUP (1,2,3 DUP (3),2 DUP (1,0))
```

则在VAL存储区前10个字节单元的数据是(　　)。

A. 1、2、3、3、2、1、0、1、2、3

B. 1、2、3、3、3、3、2、1、0、1

C. 2、1、2、3、3、2、1、0、2、1

D. 1、2、3、3、3、1、0、1、0、1

(10) 在汇编语言程序设计中,保护现场的合理且优化的做法是(　　)。

A. 将子程序中要使用而不允许破坏的寄存器及内存单元中存放内容加以保护

B. 将主、子程序间传递信息的寄存器加以保护

C. 将所有寄存器加以保护

D. 将子程序中要使用的所有寄存器加以保护

2. 填空题。

(1) 在宏汇编中,源程序必须通过________生成目标代码,然后由连接程序将其转换为可执行文件,该文件才可在系统中运行。

(2) 汇编语言是一种面向________的程序设计语言,是一种符号表示的低级程序语言。

(3) ________被用来表示指令在程序中位置的符号地址。

(4) 用来把汇编语言源程序自动翻译成目标程序的软件叫________。

(5) 指令MOV　AX,SEG BUF的执行,将________送到AX中。

(6) 若定义DATA　DW 200AH,执行MOV BL,BYTE PTR DATA指令后(BL)=________。

(7) 指令中用于说明操作数所在地址的方法称为________。

(8) 试分析下述程序段执行后,(AX)=________,(BX)=________。

```
XOR     AX,AX
DEC     AX
MOV     BX,6378H
XCHG    AX,BX
NEG     BX
```

(9) 下述程序段执行完后,(AL)=________。

```
MOV   AL,10
ADD   AL,AL
SHL   AL,1
MOV   BL,AL
SHL   AL,1
ADD   AL,BL
```

(10) 下述程序段执行完后,(AX)=________。

```
ORG     0000H
TAB     DW   12H,34H,56H,$ +1018,78H,90H
COUNT   EQU  3
        LEA   BX,TAB
        MOV DX,4[BX]
        MOV AX,[BX+2*COUNT]
        SUB AX,DX
```

3. 伪指令如下:

```
DAT1  DW     ?,18 DUP(9)
DAT2  DB     1,2,3,4
DAT3  DD     ?,?
CNT1  EQU     $ - DAT2
CNT2  EQU     $ - DAT3
```

分析 CNT1、CNT2 的值以及上述数据定义占用内存的字节数。

4. 执行下列指令段后,AX 和 CX 的内容分别是多少?

```
BUF   DB  1,2,3,4,5,6,7,8,9,10
MOV   CX,10
MOV   SI,OFFSET BUF+9
LEA    DI,BUF+10
STD
REP    MOVSB
MOV   BX,OFFSET BUF
MOV   AX,[BX]
```

5. 如果用调试程序 DEBUG 的 R 命令在终端上显示当前各寄存器的内容如下,那么当前堆栈段段基址是多少?栈顶的物理地址是多少?

```
C>DEBUG
-R
  AX=0000  BX=0000  CX=0079  DX=0000  SP=FFEE BP=0000  SI=0000
  DI=0000  DS=10E4  ES=10F4  SS=21F0  CS=31FF IP=0100  NV UP  DI PL
                                                       NZ NA PO NC
```

6. 下列程序段执行后,AX 寄存器的内容是什么?

```
⋮
TABLE     DW   10H,20H,30H,40H,50H,60H,70H,80H
ENTRY     DW   6
⋮
MOV       BX,OFFSET TABLE
ADD       BX,ENTRY
MOV       AX,[BX]
```

7. 下列程序段执行后,AX 和 DX 寄存器的内容分别是什么?

```
⋮
VAR1   DB   86H
VAR2   DW   2005H,0021H,849AH,4000H
⋮
MOV    AL,VAR1
CBW
LEA    BX,VAR2
MOV    DX,2[BX]
SUB    AX,DX
```

8. 试分析下列程序段,回答所提问题。

```
ORG 3000H
DB     11H,12H,13H,14H,15H
⋮
MOV    BX,3000H
STC
ADC    BX,1
SAL    BL,1
INC    BYTE PTR [BX]
```

(1) 程序段执行后,3004H 单元中的内容是什么?

(2) 程序段执行后,BX 中的内容是什么? CF 的值是 1 还是 0?

9. 对于下面的数据定义,各条 MOV 指令单独执行后,请填充有关寄存器的内容:

```
TABLE1  DB          01H,02H
TABLE2  DW          10 DUP (0)
TABLE3  DB          'WELCOME'
MOV  AX,TYPE        TABLE1          ;(AX) = ________
MOV  BX,LENGTH      TABLE1          ;(BX) = ________
MOV  CX,LENGTH      TABLE2          ;(CX) = ________
MOV  DX,SIZE        TABLE2          ;(DX) = ________
MOV  SI,LENGTH      TABLE3          ;(SI) = ________
```

10. 当执行以下程序后,AX、BX、CX、DX 中的值分别是多少?

```
CODE     SEGMENT
         ASSUME CS:CODE, DS:CODE, SS:CODE
         ORG 100H
BEGIN:   MOV   AX,01H
         MOV   BX,02H
         MOV   DX,03H
         MOV   CX,04H
L20:     INC   AX
         ADD   BX,AX
         SHR   DX,1
         LOOPNE   L20
CODE     ENDS
         END  BEGIN
```

11. 下列为将两位压缩 BCD 码转换为两个 ASCII 字符的程序段,将合适的指令填入空白处,形成正确的程序段。

```
BCDBUF      DB   46H
```

```
ASCBUF    DB  ?,?

MOV       AL, ___①___
MOV       BL, AL
MOV       CL, 4
___②___   BL, CL
ADD       BL, ___③___
MOV       ASCBUF,BL
___④___
___⑤___
MOV       ASCBUF + 1,AL
```

12. 在数据段中，WEEK 是星期一至星期日的英语缩写，DAY 单元中存有一个数，范围为 1～7(1 表示星期一，7 表示星期日)。

```
WEEK   DB  'MON','TUE','WED','THU','FRI','SAT','SUN'
DAY    DB   X ; 数字 1～7
```

编写程序，使其能根据 DAY 的内容用单个字符显示功能调用(2 号功能)去显示对应的英文缩写。

13. 设在 DAT 单元存放一个－9～＋9 的字节数据，在 SQTAB 数据区中存放了 0～9 的平方值，下面程序段利用直接查表法在 SQRTAB 中查找出 DAT 单元中数据对应的平方值并送入 SQR 单元。请补充空格处，完善程序功能。

```
DSEG     SEGMENT
DAT      DB  XXH ; XXH 表示 - 9～ + 9 的任意字节数据
SQTAB    DB  0,1,4,9,16,25,36,49,64,81
SQR      DB  ?
DSEG     ENDS
SSEG     SEGMENT   STACK
STK      DB  100 DUP (?)
SSEG     ENDS
CSEG     SEGMENT
         ASSUME   CS:CSEG,DS:DESG,SS:SSEG
START:   MOV  AX,DSEG
         MOV  DS,AX
         MOV  AL,DAT
         AND  AL, ___①___
         JNS  NEXT
         ___②___
NEXT:    MOV  BX,OFFSET SQRTAB
         ___③___
         MOV  SQR,AL
         MOV  AH,4CH
         INT  21H
DESG     ENDS
         END  START
```

14. 设内存中有三个互不相等的无符号字数据，分别存放在 DATA 开始的字单元中，编程将其中最小值存入 MIN 单元。

15. 设计将数字符 ASCII 码串转换为 BCD 码串的子程序，要求转换后的 BCD 码顺序和 ASCII 码顺序相反。

16. 编写程序,在一组字符串中寻找AM的出现次数,该串的前缀字符为PROG,并以Ctrl+Z(1AH)结束,统计结果存入字变量NUM中。

17. 下述程序段执行后,AH和AL寄存器中内容是多少?

```
        DA_C  DB 10 DUP (3,5,7,9)
        LEA   BX,DA_C
        MOV   CX,10
        XOR   AX,AX
LP:     ADD   AL,[BX]
        CMP   AL,10
        JB    NEXT
        INC   AH
        SUB   AL,10
NEXT:   INC   BX
        LOOP  LP
```

18. 阅读下列程序,回答问题。

```
DSEG    SEGMENT
MUM1    DB  300 DUP (?)
NUM2    DB  100 DUP (?)
DSEG    ENDS
CSEG    SEGMENT
        ASSUME CS: CSEG,DS: DSEG
MAIN    PROC  FAR
START:  PUSH  DS
        MOV   AX,0
        PUSH  AX
        MOV   AX,DSEG
        MOV   DS,AX
        MOV   CX,100
        MOV   BX,CX
        ADD   BX,BX
        XOR   SI,SI
        AND   DI,0000H
LP1:    MOV   AL,NUM1[BX] [SI]
        MOV   NUM2[SI],AL
        INC   SI
        LOOP  LP1
QQQ:    RET
MAIN    ENDP
CSEG    ENDS
END     START
```

(1) 该程序完成____________。

(2) 程序执行到QQQ处,(SI)=______、(DI)=______、(CX)=______。

19. 阅读下列程序,回答问题。

```
DATA    SEGMENT
TABLE   DB  60H,40H,50H,80H,30H
COUNT   DB  $ - TABLE
DATA    ENDS
```

```
CODE      SEGMENT
ASSUME    CS:CODE,DS:DATA
MAIN      PROC   FAR
START:     PUSH   DS
           MOV    AX,0
           PUSH   AX
           MOV    AX,DSEG
           MOV    AX,DATA
           MOV    DS,AX
           MOV    CX,COUNT
           MOV    DX,CX
           DEC    DX
           LEA    BX,TABLE
LOP0:      MOV    SI,00H
           MOV    CX,DX
LOP1:      MOV    AL,[BX + SI]
           CMP    AL,[BX + SI + 1]
           JBE    NEXT
           XCHG AL,[BX + SI + 1]
           MOV    [BX + SI],AL
NEXT:      INC    SI
           LOOP   LOP1
           DEC    DX
           JNZ    LOP0
           RET
MAIN       ENDP
CODE       ENDS
           END    MAIN
```

(1) 该程序的功能是________。

(2) 程序运行结束时,TABLE+3 单元的内容是________。

(3) 若将 JBE NEXT 改为 JAE NEXT,则对程序的影响是________。

20. 下面的程序是将 10 个 8 位的无符号数按递减次序排序,请将该程序补充完整。

```
DATA      SEGMENT
ARRAY     DB   05H,78H,0FFH,7BH,00H
          DB   8CH,20H,0A0H,0F0H,60H
DATA      ENDS
CODE      SEGMENT
          ASSUME CS:CODE,DS:DATA
MAIN      PROC FAR
START:    PUSH   DS
          XOR   AX,AX
          PUSH   AX
          MOV AX,DATA
          MOV DS,AX
AB1:      MOV SI,OFFSET ARRAY
          MOV BL,0
          MOV CX,10
          ___①___
AGAIN:    MOV AL,[SI]
          INC SI
```

```
        CMP AL,[SI]
        __②__   CD1
        MOV AH,[SI]
        MOV [SI],AL
        DEC SI
        MOV [SI],AH
        INC SI
        MOV BL,1
CD1:    LOOP AGAIN
        DEC BL
        __③__   AB1
        RET
MAIN    ENDP
CODE    ENDS
        END  START
```

1.5 存 储 器

1.5.1 例题

1. 设有一个具有14位地址和8位字长的存储器,试计算:

(1) 该存储器能存储多少字节信息?

(2) 如果存储器由2K×4位的RAM芯片组成,需多少RAM芯片?需多少位地址进行芯片选择?

解:

(1) 存储器有14位地址和8位字长,其存储单元的个数为$2^{14}=16K$,存储器的容量为16K×8位。所以,该存储器能存储的信息总量为16KB。

(2) 所需的RAM芯片的数目=16K×8/(2K×4)=16(片)。

用2K×4位的RAM芯片扩展成16K×8位存储器,需进行字位同时扩展。因为每2片的2K×4位进行位扩展才能构成2K×8位,所以进行字扩展的就有16/2=8(组),而字扩展要求为每组分配不同的片选信号,即要求有8个不同的片选信号,所以,需3位($2^3=8$)地址进行芯片选择。一般片选信号是由高位地址线译码产生的。

2. 某微机有8条数据线、16条地址线,现用SRAM 2114(容量为1K×4位)存储芯片组成存储系统。问采用线译码方式时,系统的最大存储容量是多少?此时需要多少个2114存储芯片?

解:因为2114的容量为1K×4位,地址线要10条,所以剩余6条地址线进行线译码,提供6个片选信号。所以这时系统的最大存储容量为6×1K×8位=6K×8位。

这时需要2114的个数为6K×8/(1K×4)=12片。

3. 某8088存储器系统中,用2片EPROM 27128(16K×8位)和2片RAM 6264(8K×8位)以及1片74LS138译码器、2个2输入与门、1个非门来组成存储器系统,各芯片的主要信号如图1.4所示,要求起始地址为00000H,画出存储器系统连接图,并写出每个存储器芯片的地址范围。

解:6264的容量为8K×8位,$2^{13}=8K$,故有13条地址线。CPU的20条地址线中,低

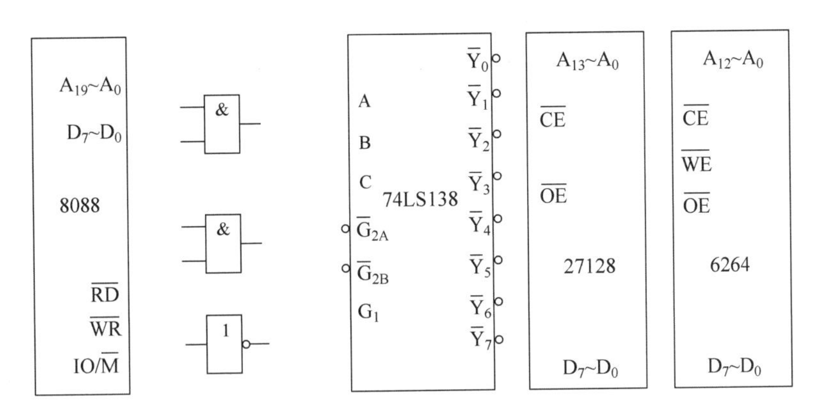

图 1.4　各芯片的主要信号

13 位 $A_{12}\sim A_0$ 直接和存储器芯片的地址线相连，用于芯片内的地址译码，而高 7 位 $A_{19}\sim A_{13}$ 经地址译码器译码后输出作为存储器芯片的片选信号。27128 芯片的容量为 16K×8 位，$2^{14}=16K$，故有 14 条地址线。CPU 的 20 条地址线中，低 14 位 $A_{13}\sim A_0$ 为存储器芯片的片内地址，而高 6 位 $A_{19}\sim A_{14}$ 为片外地址。选择前者高位地址 7 位 $A_{19}\sim A_{13}$ 的部分地址 $A_{17}\sim A_{13}$ 用 74LS138 进行译码，A_{17}、A_{16}、A_{15}、A_{14}、A_{13} 分别连接在 74LS138 的 $\overline{G}_{2B}$、$\overline{G}_{2A}$、C、B、A 上，8088 的 IO/$\overline{M}$ 连接到 74LS138 的 G_1。$\overline{Y}_0$、$\overline{Y}_1$ 分别作为 6264 的片选($\overline{CE}$)可满足起始地址为 00000H。用上述连线的 74LS138 作为 27128(16K×8 位)的片选，需要保证 $A_{13}=0$ 或 $A_{13}=1$ 方可使 27128 的片内地址 $A_{13}\sim A_0$ 全 0 变到全 1，$\overline{Y}_2$、$\overline{Y}_3$ 接 2 输入与门的输入，与门的输出作为 27128 的片选($\overline{CE}$)可实现上述逻辑。同理 $\overline{Y}_4$、$\overline{Y}_5$ 接另一个 2 输入与门的输入。存储器系统连接如图 1.5 所示。图中 1＃、2＃芯片是 6264，3＃、4＃芯片是 27128。

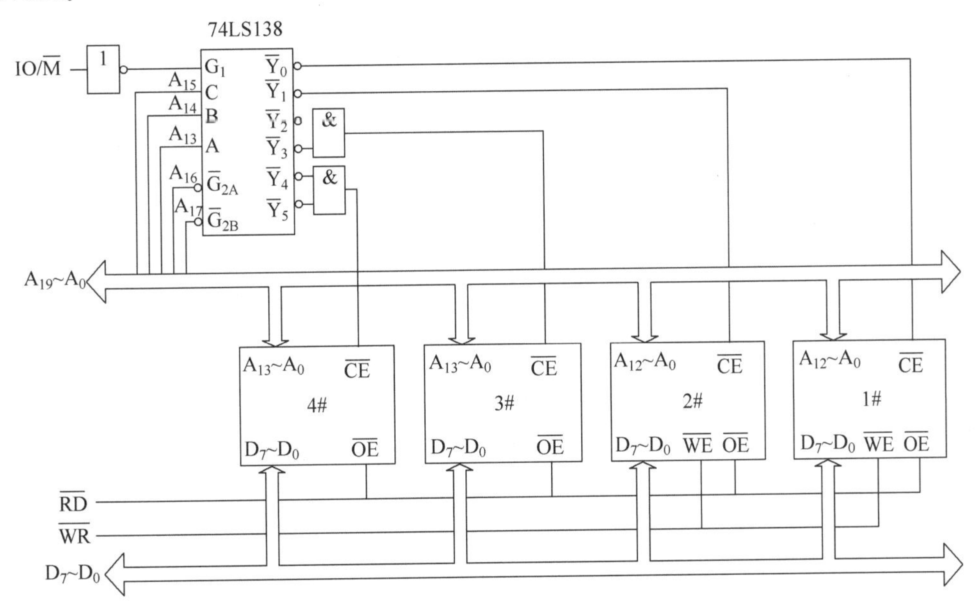

图 1.5　存储器系统连接

表 1.1、表 1.2 分别给出 2 片 6264 和 2 片 27128 的地址范围。

表 1.1 例 3 RAM 6264 芯片的地址范围

芯片号(片选)	高位地址线							低位地址线	地址范围
	A_{19}	A_{18}	A_{17} $\overline{G}_{2B}$	A_{16} $\overline{G}_{2A}$	A_{15} C	A_{14} B	A_{13} A	$A_{12}\sim A_0$	
1#($\overline{Y}_0$)	×	×	0	0	0	0	0	0000000000000 ~1111111111111	00000H ~01FFFH
2#($\overline{Y}_1$)	×	×	0	0	0	0	0	0000000000000 ~1111111111111	02000H ~03FFFH

表 1.2 例 3 EPROM 27128 芯片的地址范围

芯片号(片选)	高位地址线							低位地址线	地址范围
	A_{19}	A_{18}	A_{17} $\overline{G}_{2B}$	A_{16} $\overline{G}_{2A}$	A_{15} C	A_{14} B	A_{13} A	$A_{12}\sim A_0$	
3# ($\overline{Y}_2$ 或 $\overline{Y}_3$)	×	×	0	0	0	0	0	0000000000000 ~1111111111111	04000H ~07FFFH
4# ($\overline{Y}_4$ 或 $\overline{Y}_5$)	×	×	0	0	0	0	0	0000000000000 ~1111111111111	08000H ~0BFFFH

4. 试完成 4 片 EPROM 27128(16K×8 位)某 8086 存储器系统的设计。要求起始地址为 C8000H,画出存储器系统连接图,并写出每个存储器芯片的地址范围。

解:8086 存储器系统为 16 位存储器系统,应采用奇偶分体结构。4 片 27128 芯片分为两组,每组 2 片(奇片和偶片)。EPROM 27128 芯片的容量为 16K×8 位,$2^{14}=16K$,故有 14 条地址线 $A_{13}\sim A_0$ 连接到 8086 地址总线 $A_{14}\sim A_1$。高 5 位 $A_{19}\sim A_{15}$ 为片外地址。根据题意经 2 片 74LS138 进行译码及与非门采用全部译码法进行译码。存储器系统连接如图 1.6 所示。2 片 74LS138 的 $\overline{G}_{2B}$ 使能端一个接 A_0、一个接 $\overline{BHE}$。偶存储体数据总线同 8086 的低 8 位数据总线 $D_7\sim D_0$ 相连接,奇存储体数据总线和 8086 的高 8 位数据总线 $D_{15}\sim D_8$ 相连接。存储器芯片的地址范围见表 1.3。

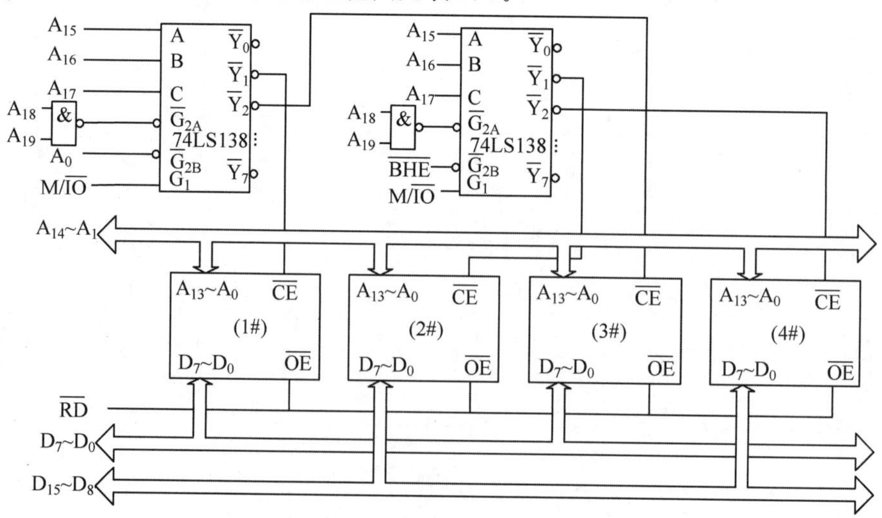

图 1.6 存储器系统连接

表 1.3　例 4 存储器芯片的地址范围

组别		高位地址线					低位地址线		地址范围
		A_{19}	A_{18}	A_{17} C	A_{16} B	A_{15} A	A_{14} ～ A_1	A_0	
第 1 组	1#(偶片) 2#(奇片)	1	1	0	0	1	000000000000 ～111111111111	×～×	C8000H ～CFFFFH
第 2 组	3#(偶片) 4#(奇片)	1	1	0	1	0	000000000000 ～111111111111	×～×	D0000H ～D7FFFH

1.5.2　习题

1. 选择题。

(1) 内存又称主存,相对于外存来说,它的特点是(　　)。

A. 存储容量大,价格高,存取速度快
B. 存储容量小,价格低,存取速度慢
C. 存储容量大,价格低,存取速度快
D. 存储容量小,价格高,存取速度快

(2) 集成度最高的存储线路是(　　)。

A. 六管静态线路　　B. 六管动态线路
C. 四管动态线路　　D. 单管动态线路

(3) EPROM 不同于 ROM,是因为(　　)。

A. EPROM 只能改写一次　　B. EPROM 只能读不能写
C. EPROM 可以多次改写　　D. EPROM 断电后信息丢失

(4) 在下面的多组存储器中,断电或关机后信息仍保留的是(　　)。

A. RAM、ROM　　B. ROM、EPROM
C. SRAM、DRAM　　D. PROM、RAM

(5) 下列几种存储芯片中,存取速度最快和相同容量的价格最便宜的分别是(　　)。

A. DRAM、SRAM　　B. SRAM、DRAM
C. DRAM、ROM　　D. SRAM、EPROM

(6) 对于 8086 CPU,用来选择低 8 位数据的引脚信号是(　　)。

A. AD_0　　B. AD_{15}　　C. AD_7　　D. AD_8

(7) 8086 的存储系统采用“字节编址结构”,现有一个存储字地址为 45678H,则该地址所在的存储体称为(　　)。

A. 偶存储体,其数据线接在低 8 位的 D_7～D_0 上
B. 奇存储体,其数据线接在低 8 位的 D_7～D_0 上
C. 偶存储体,其数据线接在高 8 位的 D_{15}～D_8 上
D. 奇存储体,其数据线接在高 8 位的 D_{15}～D_8 上

(8) 若由 1K×1 位的 RAM 芯片组成一个容量为 8K 字(16 位)的存储器时,需要该芯片数量为(　　)。

A. 128片　　B. 256片　　C. 64片　　D. 32片

(9) 在8086中,用一个总线周期访问一个字数据时,必须是(　　)。

A. $\overline{BHE}=0, A_0=0$　　B. $\overline{BHE}=0, A_0=1$

C. $\overline{BHE}=1, A_0=0$　　D. $\overline{BHE}=1, A_0=1$

(10) 8086组成的64KB的存储空间,选用EPROM的最佳方案是采用芯片为(　　)。

A. 1片64K×8位　　B. 2片32K×8位

C. 4片16K×8位　　D. 8片8K×8位

(11) 如果存储体有1024个存储单元,采用双译码(行列译码)方式,则所需的地址译码输出线的最少数目是(　　)。

A. 16　　B. 32　　C. 64　　D. 1024

(12) 若CPU访问由256K×1位的DRAM芯片组成的512K×8位的存储系统,则CPU需使用的地址引脚数、DRAM的地址引脚数和所需的片选信号数依次为(　　)。

A. 19,18,2　　B. 18,9,8

C. 19,18,8　　D. 19,9,2

(13) 若用8086 CPU和其他芯片组成微机系统,要求内存容量中的EPROM为8KB, SRAM为16KB,所采用的EPROM和SRAM的芯片类型及数量在以下方案中最佳的是(　　)。

A. 2片2732和2片6264　　B. 2片2732和8片6116

C. 1片2764和2片6264　　D. 1片2764和8片6116

2. 填空题。

(1) 按存储介质,存储器可分为________存储器、________存储器和光盘存储器。

(2) 只读存储器ROM一般可分为掩膜ROM、PROM、________和________4种。

(3) 存储器是计算机中的记忆设备,主要用来存放________和________。

(4) 计算机的内存一般由________存储器和________存储器构成。

(5) 用32片4K×4位的存储芯片构成字长为8位的存储系统的容量为________,共需寻址线________根,每个存储芯片的最少引出脚是________根。

(6) 8086 CPU既可采用字访问方式,也可采用字节访问方式。存储器是由控制信号________和A_0决定的。

(7) 计算机存储器的容量一般是以KB为单位的,其中1 KB等于________字节。

(8) 存储记忆单元是构成存储器的最基本单元,用来存储________位二进制信息。

(9) 动态存储器中的信息可以随机读写,但需不断________,使其保持所存的信息。

3. 半导体随机存取存储器的种类有哪些?各有什么特点?

4. 简述半导体只读存储器的种类和特点。

5. 存储器与CPU连接时应考虑哪些问题?

6. 叙述高位地址总线译码方法的种类和特点。

7. 叙述8088和8086 CPU对存储器进行字访问的异同。

8. 设有一个具有15位地址和16位字长的存储器,试计算:

(1) 该存储器能存储多少字节信息？

(2) 如果存储器由 2K×4 位的 RAM 芯片组成，需多少 RAM 芯片？需多少位地址进行芯片选择？

9. 某微机系统中，CPU 和 EPROM 的连接如图 1.7 所示，求此存储芯片的存储容量及地址空间范围。

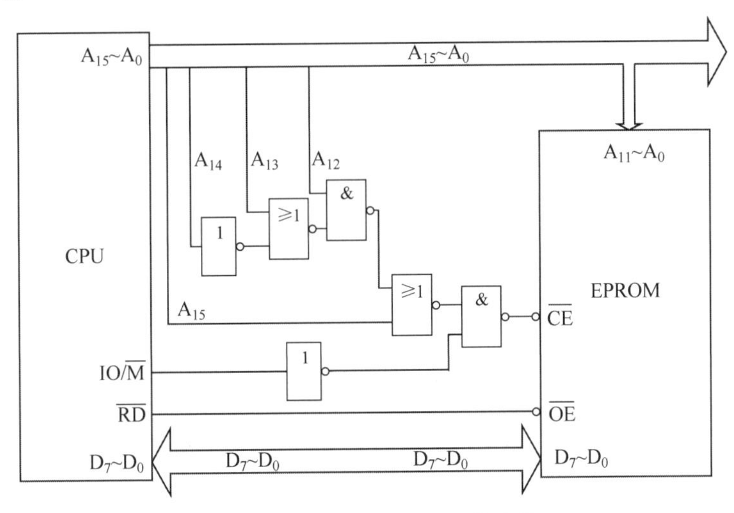

图 1.7 CPU 和 EPROM 的连接

10. 某 8088 存储器系统，试使用 6116、2732 和 74LS138 译码器构成一个存储容量为 12KB ROM(00000H～02FFFH)、8KB RAM(03000H～04FFFH)的存储系统。

11. 微机存储器系统由 3 片 RAM 芯片组成，如图 1.8 所示，其中 U_1 有 12 条地址线，8 条数据线，U_2、U_3 各有 10 条地址线，8 条数据线，试计算芯片 U_1、U_2 和 U_3 的地址范围以及该存储器的总容量。

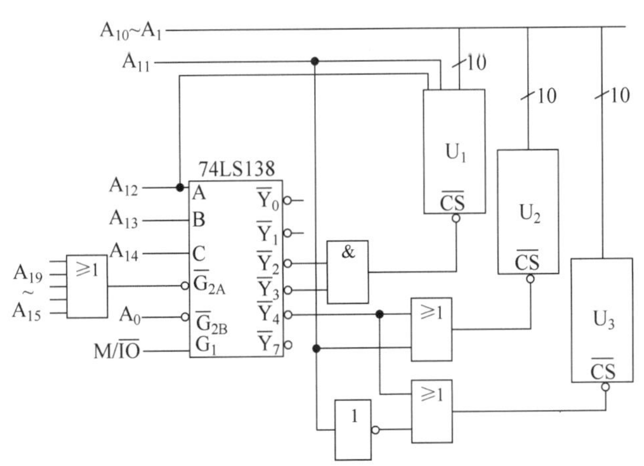

图 1.8 微机存储器系统

12. 16 位微机存储器系统如图 1.9 所示，试分析存储器的类型和容量，并说明各存储器芯片的奇偶性和地址范围。

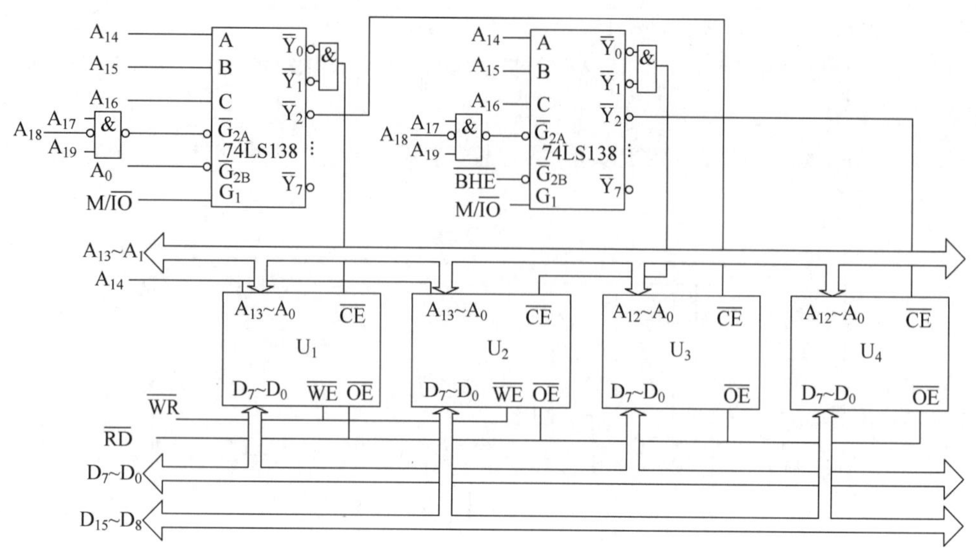

图 1.9　16 位微机存储器系统

1.6　输入输出与中断

1.6.1　例题

1. 简述查询式数据传送的工作过程。

解：查询式数据传送又称为"条件传送方式"。采用查询式方式传送数据前，CPU 必须对外设的状态进行检测。其步骤如下。

(1) 执行一条输入指令，读取所选外设的当前状态。

(2) 如果外设"忙"或"未准备就绪"，则返回继续检测外设的状态。

(3) 如果外设状态为"空"或"准备就绪"，则发出一条输入输出指令，进行一次数据传送。

2. 简述 8086 CPU 响应 INTR 的中断过程。

解：当 CPU 在 INTR 引脚上收到一个高电平中断请求信号并且中断允许标志 IF 为 1 时，会在当前指令执行完毕后开始响应中断请求。具体过程如下。

(1) 执行中断响应总线周期。它包含两个连续的中断响应总线周期，在此期间，CPU 首先从 $\overline{\text{INTA}}$ 引脚发出两个负脉冲，当外设接收到第二个负脉冲时，把中断类型码从数据总线上发给 CPU。

(2) 将标志寄存器的内容压入堆栈。

(3) 把标志寄存器的 IF 和 TF 清 0。

(4) 保护断点，即把 CS 和 IP 的内容压入堆栈。

(5) 根据中断类型码查找中断向量，并转入相应的中断处理程序。

(6) 恢复断点和标志寄存器。依次从堆栈中弹出 IP、CS 和标志寄存器的内容。

3. 若 8086 系统采用单片 8259A，其中断类型码为 46H，试问其中断向量表的中断向量地址是多少？这个中断源应连向 IRR 的哪一个输入端？若中断服务程序的入口地址为

May all your wishes
come true

0AB00H:0C00H,则其向量区对应的4个单元的值依次为多少?

解:

(1) 若中断类型码为n,中断向量地址为4n,所以,中断向量地址=46H×4=118H。

(2) 中断类型码是由初始化命令字ICW_2设置的。根据题意,中断类型码为46H=01000110B,低3位为110B,故该中断源连接到IR_6的输入端。

(3) 中断向量表中,前两个字节为IP值,后两个字节为CS值,则其向量区对应的4个单元的值依次为00H、0CH、00H、0ABH。

4. 已知中断向量地址0020H~0023H的单元中依次存放40H、00H、00H、01H,还已知INT 8指令本身所在的地址为9000H:00A0H。若SP=0100H,SS=0300H,标志寄存器F=0240H,试指出在执行INT 8指令,刚进入它的中断服务程序时,SP、SS、IP、CS和堆栈顶上3个字的内容。

解: SP=0100H−6=00FAH

SS=0300H

IP=[(8H×4+1)(8H×4)]=(0021H)(0020H)=0040H

CS=[(8H×4+3)(8H×4+2)]=(0023H)(0022H)=0100H

在进入中断服务程序前,保护现场压栈时,压栈的顺序为先压标志寄存器F,再压CS、IP,栈顶的3个字如下。

[03000H+(0100H−2)]=[030FEH]=0240H

[03000H+(0100H−4)]=[030FCH]=9000H

[03000H+(0100H−6)]=[030FAH]=00A2H

堆栈内容如表1.4所示。

表1.4 堆栈内容

堆栈物理地址	内　　容
SP→030FAH	0A2H
030FBH	00H
030FCH	00H
030FDH	90H
030FEH	40H
030FFH	02H
03100H	

5. 简述CPU在程序查询方式和中断方式中所处的地位。

解: 在程序查询方式中,CPU处于主动地位,通过检测I/O设备的当前状态决定是否进行数据传输;而在中断方式中,CPU处于被动地位,I/O设备只有在需要数据传输时,向CPU发中断请求,CPU才有可能与其进行数据传输。

6. 图1.10所示是一个LED接口电路,写出使8个LED依次点亮2s的控制程序(设延迟2s的子程序为Delay2s),并说明该接口属于何种输入输出传送方式,为什么。

解: 控制程序如下。

```
        MOV     AL,7FH
LOP:    OUT     10H,AL
```

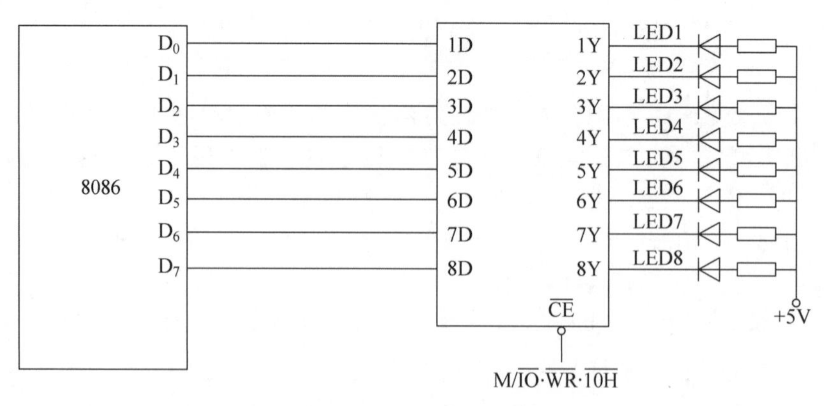

图 1.10　LED 接口电路

```
CALL    Delay2s
ROR     AL,1
JMP     LOP
```

该接口属于无条件传送方式。因 CPU 和 LED 之间无联络信号,LED 总是已准备好,可以接收 CPU 的信息。

7. 在 IBM-PC/XT 微型计算机中只有一片 8259A,可连接 8 个外部中断源,其连接方法、中断源名称、中断类型码及中断服务程序入口地址如图 1.11 和表 1.5 所示。

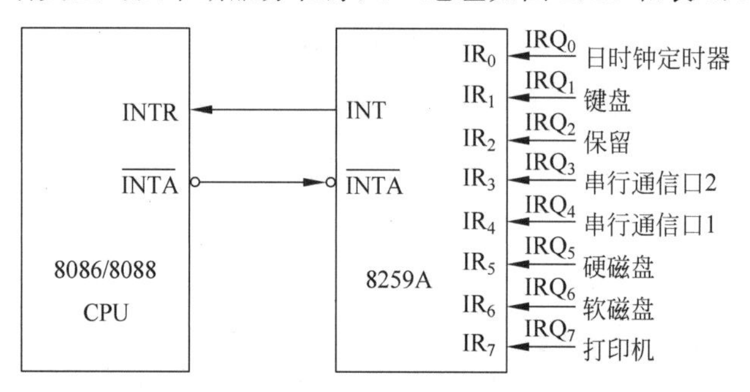

图 1.11　8259A 在 IBM-PC/XT 中的连接

表 1.5　IBM-PC/XT 机 8 级外部中断源一览

中断引入端	中断类型码	中断源名称	BIOS 中的中断服务程序过程名(段地址:偏移地址)
IR_0	08H	日时钟定时器	TIMER_INT(F000:FFA5H)
IR_1	09H	键盘	KB_INT(F000:E987H)
IR_2	0AH	保留	D_{11}(F000:FF23H)
IR_3	0BH	串行通信口 2	D_{11}(F000:FF23H0
IR_4	0CH	串行通信口 1	D_{11}(F000:FF23H)
IR_5	0DH	硬磁盘	HD_INT(C800:0760H)
IR_6	0EH	软磁盘	DISK_INT(F000:EF57H)
IR_7	0FH	打印机	D_{11}(F000:FF23H)

系统分配给 8259A 的 I/O 端口地址为 20H 和 21H,8259A 采用边沿触发方式、缓冲方式,中断结束采用 EOI 命令方式,中断优先权管理方式采用完全嵌套方式,中断服务程序的符号地址为 INTPR,试对 8259A 进行初始化编程。

解:8259A 初始化编程如下。

```
MOV  AL,13H
OUT  20H,AL
MOV  AL, 08H
OUT  21H, AL
MOV  AL,09H
OUT  21H, AL
MOV  AL,20H
OUT  20H,AL
;将中断服务程序入口地址装入中断向量表程序
MOV  AX,SEG INTPR
MOV  DS,AX
MOV  DX,OFFSET INTPR
MOV  AL,0AH              ;IR2 的中断类型码为 0AH
MOV  AH,25H
INT  21H
```

1.6.2 习题

1. 选择题。

(1) 传送数据时,占用 CPU 时间最长的传送方式是(　　)。

A. 查询　　B. 中断　　C. DMA　　D. 无条件传送

(2) 在查询传送方式中,CPU 要对外设进行读出或写入操作前,必须先对外设(　　)。

A. 发控制命令　　B. 进行状态检测

C. 发 I/O 端口地址　　D. 发读/写命令

(3) 用 DMA 方式传送数据时,是由(　　)控制的。

A. CPU　　B. 软件　　C. CPU+软件　　D. 硬件控制器

(4) 8259A 可编程中断控制器中的中断服务寄存器 ISR 用于(　　)。

A. 记忆正在处理中的中断　　B. 存放从外设来的中断请求信号

C. 允许向 CPU 发中断请求　　D. 禁止向 CPU 发中断请求

(5) 一片中断控制器 8259A 能管理(　　)级硬件中断。

A. 10　　B. 8　　C. 64　　D. 2

(6) 两片 8259A 连接成级联缓冲方式可管理(　　)个可屏蔽中断。

A. 8　　B. 14　　C. 15　　D. 16

(7) CPU 响应二个硬件中断 INTR 和 NMI 时相同的必要条件是(　　)。

A. 允许中断　　B. 当前指令执行结束

C. 总线空闲　　D. 当前访问存储器操作结束

(8) 8086 CPU 响应非屏蔽中断,其中断类型号由(　　)。

A. 中断控制器 8259 提供　　B. 指令码给定

C. 外设提供　　D. CPU 自动产生

(9) 中断向量可以提供(　　)。

A. 被选中设备的起始地址　　B. 传送数据的起始地址

C. 中断服务程序入口地址　　D. 主程序的断点地址

(10) 某中断程序入口地址值填写在中断向量表的 0080H～0083H 存储单元中,则该中断对应的中断类型号一定是(　　)。

A. 1FH　　B. 20H　　C. 21H　　D. 22H

(11) 有一8086系统的中断向量表,在0000H:003CH单元开始依次存放34H、0FEH、00H和0F0H 4字节,该向量对应的中断类型码和中断服务程序的入口地址分别为(　　)。

A. 0EH、34FEH:00F0H　　B. 0EH、0F000H:0FE34H

C. 0FH、0F000H:0FE34H　　D. 0FH、00F0H:34FEH

(12) 在8086系统中,规定中断向量表存放于内存中(　　)所在地址的内存单元。

A. 00000H～003FFH　　B. 80000H～803FFH

C. 7F000H～7F3FFH　　D. 0FFC00H～0FFFFFH

(13) 响应下列请求时,其中优先级最低的是(　　)。

A. NMI　　B. INTR　　C. 单步　　D. 无法确定

(14) 采用微机控制的大屏幕LED显示器,其数据传送方式是(　　)。

A. 无条件传送　　B. 中断传送　　C. 查询传送　　D. DMA传送

(15) “INT　n”指令中断是(　　)。

A. 通过软件调用的内部中断　　B. 可用IF标志位屏蔽的

C. 由外部设备请求产生的　　D. 由系统断电引起的

(16) 8086/8088中断类型号为40H的中断服务程序入口地址存放在中断向量表中的起始地址是(　　)。

A. DS:0040H　　B. DS:0100H

C. 0000:0100H　　D. 0000:0040H

(17) 8086/8088中断类型号0～255应允许来源于(　　)。

A. 指令、外设接口　　B. CPU、外设接口

C. 指令、CPU　　D. 指令、外设接口、CPU

(18) 8086/8088的存储器可以寻址1M的空间,在对I/O进行读写出操作时,20位地址中只有低16位有效。这样,I/O地址的寻址空间为(　　)。

A. 64K　　B. 256K　　C. 128K　　D. 10K

(19) 8086 CPU响应可屏蔽中断时,CPU(　　)。

A. 执行一个中断响应周期

B. 执行两个连续的中断响应周期

C. 执行两个连续的中断响应周期,中间有3个T_i(空闲周期)

D. 不执行中断响应周期

(20) 在系统中,设8259A已被编程为ICW_2=08H,当一个外设由8259A的IR_4输入端提出中断请求时,它的中断向量地址是(　　)。

A. 0000AH　　B. 00020H　　C. 00028H　　D. 00030H

(21) 状态信息是通过(　　)总线进行传送的。

A. 数据　　B. 地址　　C. 控制　　D. 外部

2. 填空题。

(1) 微机系统中数据传送的控制方式有3种,其中程序控制方式的数据传送又分为无条件传送、________和中断传送。

(2) CPU通过接口与外设之间交换的信息包括数据信息、状态信息和________,这3种

信息通常都是通过 CPU 的________总线来传输的。

(3) 中断向量是中断服务程序的入口地址，每个中断向量占________字节。

(4) 8086 的中断系统可处理________个不同的中断。

(5) 若在 0000:0008H 开始的 4 字节中分别存放的是 11H、22H、33H、44H，则对应的中断类型号为 2 的中断服务程序入口地址为________。

(6) 采用程序查询传送方式时，若要完成一次数据传送过程，首先必须执行一条指令，读取________。

(7) 在中断服务程序中，进行中断处理之前，先________，才允许中断嵌套，只有中断优先级________的中断源请求中断，才能被响应。

(8) 可编程中断控制器 8259A 对程序员提供了 4 个初始化命令字和________个操作命令字。

(9) 不可屏蔽中断的优先级比可屏蔽中断的优先级________。

(10) 中断系统可处理多个不同的中断，每个中断对应一个________码。CPU 根据某条指令或某个状态标志的设置而产生的中断称为________中断。

(11) 当中断控制器 8259A 的 A_0 连地址总线的 A_1 时，若其中一个端口地址为 62H，则另一个端口地址为________H；若某外设的中断类型码为 86H，则该中断源应加到 8259A 中断请求寄存器 IRR 的________输入端。

(12) CPU 在执行 IN AL,DX 指令时，$M/\overline{IO}$ 引脚为________电平，$\overline{RD}$ 引脚为________电平，$\overline{WR}$ 引脚为________电平。

3. 简述 I/O 端口的编址方式和特点。

4. CPU 与外设间的接口信息有哪几种？

5. CPU 与外设之间有哪几种传送方式？各有什么特点？

6. 什么情况下采用无条件传送方式？有什么特点？

7. 什么是中断？简述中断的处理过程。

8. 简述 8086 系统中断的种类及特点。

9. 8086/8088 各类中断的优先级别是如何排列的？

10. 外设向 CPU 发中断请求，但 CPU 不响应，其原因可能有哪些？

11. 8086 内存的前 1KB 建立了一个中断向量表，可以容纳多少个中断向量？如果有软中断 INT 13H，则中断向量表地址是多少？假如从该地址开始的 4 个内存单元中依次存放 59H、0ECH、00H、0F0H，则中断服务程序入口地址是多少？是怎样形成的？

12. 在 8086/8088 中，设 SP=0124H，SS=3300H，若在代码段的 2248H 单元中存放一条软中断指令 INT 40H，则执行该指令后，堆栈的物理地址为多少？(SP)(SP+1)为多少？IP 的值为多少？

13. 某一用户中断源的中断类型号为 60H，其中断处理程序的符号地址为 INTR60。请至少用两种不同的方法设置它的中断向量表。

14. 某条件传送接口，其状态端口地址为 2F0H，状态位用 D_7 传送，数据端口地址为 2F1H。假设输入设备已被启动，在输入数据时可再次启动输入，用程序查询方式编写程序段，从输入设备上输入 4KB 数据送存储器 BUFFER 缓冲区。

15. 简述 8259A 中的 3 个寄存器 IRR、ISR、IMR 的功能。

16. 对8259A可编程中断控制器：

(1) 单片使用时，可同时接收几个外设的中断请求？

(2) 级联使用时，从片的INT引脚应与主片的哪个引脚相连？

17. 8259A的中断屏蔽寄存器IMR和8086/8088的中断允许标志IF有什么差别？

18. 8259A的ICW_2设置了中断类型码的哪几位？对8259A分别设置ICW_2为30H、38H有什么差别？

19. 如何用8259A的屏蔽命令字来禁止IR_2和IR_5引脚上的请求？又如何撤销这一禁止命令？设8259A的端口地址为80H、81H，试编程实现。

20. 简述DMA工作方式的主要特点。

1.7 并行接口

1.7.1 例题

1. 试说明8255A工作在方式1输出时的工作过程。

解：

(1) 数据输出时，CPU向8255A写入数据，写信号的上升沿使$\overline{OBF}$信号有效，表示输出缓冲器满，通知外设取走数据，同时使INTR变为低电平；

(2) 当外设取走数据后，向8255A发送$\overline{ACK}$信号，表示数据已经被外设取走；

(3) $\overline{ACK}$信号的下降沿将$\overline{OBF}$信号置为高电平，上升沿使INTR有效，向CPU发出中断请求，以便写入下一个数据。

2. 设8255A的端口地址为8000H～8003H，要求A端口工作在方式1输入、B端口工作在方式0输出，C端口用作基本输入口，试完成它的初始化编程。

解：根据8255A的方式选择控制字格式，结合题目要求分析得出8255A的方式控制字为0B9H，然后通过向控制口发送方式控制字完成初始化编程。

```
MOV  DX,8003H
MOV  AL,0B9H
OUT  DX,AL
```

3. 设8255A的A端口、B端口、C端口以及控制端口地址为8000H～8003H，编程对PA_7进行置位输出，而不改变其他位的设置。

解：

```
MOV  DX,8003H
MOV  AL,90H
OUT  DX,AL        ;初始化8255A,使8255A的A端口工作在方式0输入
MOV  DX,8000H
IN   AL,DX        ;从PA端口读入原来设置内容
MOV  AH,AL        ;保存读入内容
MOV  DX,8003H
MOV  AL,80H
OUT  DX,AL        ;初始化8255A,使8255A的A端口工作在方式0输出
OR   AH,80H       ;对AH的最高位置位,其他位不变
MOV  AL,AH
```

```
OUT   DX,AL        ;从 PA 端口输出
```

4. 设 8255A 的 A 端口、B 端口、C 端口以及控制端口地址为 8000H～8003H，编程对 PC_7 进行置位输出，而不改变其他位的设置。

解：

方法一：C 端口输出方法。参考第 3 题，略。

方法二：使用 C 端口置 0/置 1 控制字，具体如下。

```
MOV   DX,8003H
MOV   AL,0FH           ;置位字为 0FH
OUT   DX,AL            ;从控制口输出
```

建议：对 C 端口的类似操作用方法二比较方便。

5. 已知 8086 系统包含如图 1.12 所示的 8255A 接口电路，设 8255A 的片选信号由地址译码器和相关控制信号提供，8255A 的管脚 A_1、A_0 分别与地址线 A_2 和 A_1 相连。8255A 的控制口地址为 38EH。8255A 的 PA_7 可根据 PB_1 的状态决定是否点亮 LED。试完成下列要求。

(1) 写出 8255A 各个端口的地址。

(2) 设计一程序段，使用 8255A 检测 PB_1 的输入状态，当 PB_1＝0 时，使 LED 点亮。

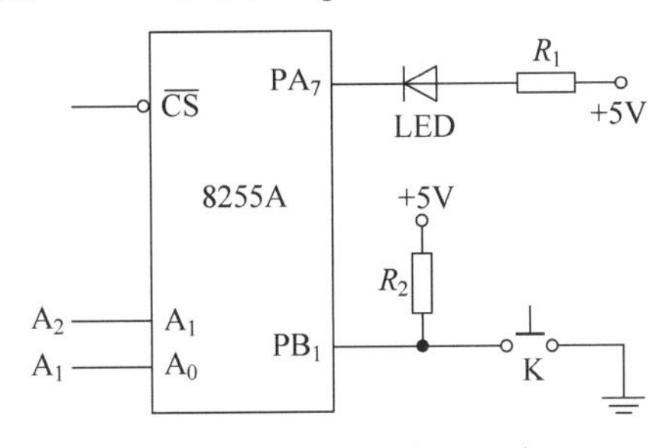

图 1.12　8255A 接口电路

解：

(1) 由图 1.12 可知，8255A 的 A 端口地址为 388H、B 端口地址为 38AH、C 端口地址为 38CH。

(2) 设计程序段如下。

```
     MOV    AL,10000010B
     MOV    DX,38EH
     OUT    DX,AL           ;8255A 初始化
     MOV    DX,38AH
K1:  IN     AL,DX
     TEST   AL,02H
     JNZ    K2
     MOV    DX,388H
     MOV    AL,00H
     OUT    DX,AL           ;开关接通，亮灯
     JMP    K1
K2:  MOV    DX,388H
     MOV    AL,80H
     OUT    DX,AL           ;开关断开，熄灯
     JMP    K1              ;提示：实际使用时还要编写指令消除按键抖动影响
```

6. 已知数码管显示接口电路如图1.13所示，8255A的地址为8000H～8003H。试完成程序(包含8255A的初始化部分)实现开关按下LED数码管显示数字4的功能。

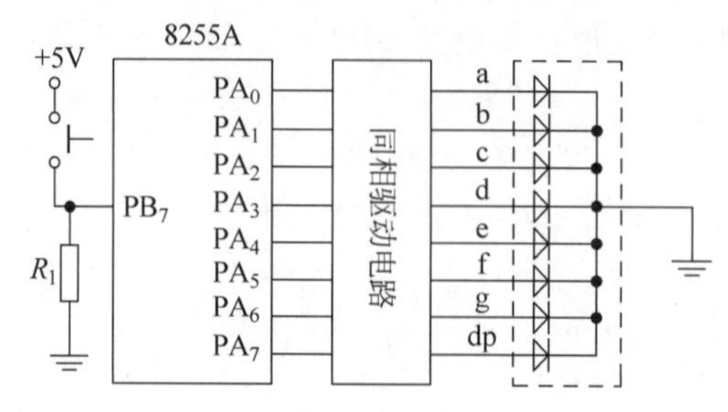

图1.13 数码管显示接口电路

解：根据题目要求可选择8255A工作于方式0，A端口输出、B端口输入。故采用以下程序段对8255A初始化。

```
    MOV   DX,8003H
    MOV   AL,10000010B
    OUT   DX,AL              ;方式控制字送出控制端口
    MOV   DX,8001H
K1: IN    AL,DX              ;从B端口读入
    TEST  AL,80H             ;检测PB7
    JZ    K2                 ;若开关未按下,则等待
    MOV   DX,8000H
    MOV   AL,66H
    OUT   DX,AL              ;从A端口送出段码,显示4
    JMP   K1
K2: MOV   DX,8000H
    MOV   AL,00H
    OUT   DX,AL              ;从A端口送出段码,熄灭所有笔画
    JMP   K1                 ;提示：实际使用时还要编写指令消除按键抖动影响
```

1.7.2 习题

1. 选择题。

(1) 8255A在方式0时，A、B、C端口输入输出可以有(　　)种组合。

A. 4　　B. 8　　C. 16　　D. 6

(2) 一个LED数码显示器以共阳极方式连接，段码abcdefg依次与数据总线D_0～D_6相连，DP与D_7相连，为显示字符F，段码值应为(　　)。

A. 8EH　　B. 79H　　C. 61H　　D. 9EH

(3) 某8086系统采用8255A作为并行I/O端口，A端口的地址为0C8H，则初始化时CPU所访问的端口地址为(　　)。

A. 0C8H　　B. 0CAH　　C. 0C9H　　D. 0CEH

(4) 8255A能实现双向传送功能的工作方式为(　　)。

A. 方式0　　B. 方式1　　C. 方式2　　D. 方式3

(5) 并行接口芯片8255A被设定为方式2时，其工作地I/O端口(　　)。

A. 仅能作输入口使用

B. 仅能作输出口使用

C. 既能作输入口使用,也能作输出口使用

D. 仅能作不带控制信号的输入口或输出口使用

(6) 当8255A的A端口和B端口都工作在方式1输入时,C端口的PC_7和PC_6(　　)。

A. 被禁用　　B. 只能作为输入使用

C. 只能作为输出使用　　D. 可以设定为输入和输出使用

(7) 8255A的A端口工作在方式2时,如果B端口工作在方式1,则固定用作B端口的联络信号的C端口的信号是(　　)。

A. PC_2～PC_0　　B. PC_6～PC_4

C. PC_7～PC_5　　D. PC_3～PC_1

(8) 8255A的A端口工作在方式2、B端口工作在方式0时,则C端口(　　)。

A. 做2个4位端口

B. 部分引脚做联络信号,部分引脚做I/O端口

C. 全部引脚做联络信号

D. 8位I/O端口

(9) 若8255A的A、B端口都工作在方式1输出,则C端口中可以设定为输入输出口的位分别为(　　)。

A. PC_7、PC_6　　B. PC_5、PC_4　　C. PC_3、PC_2　　D. PC_1、PC_0

(10) 8255A的A端口工作在方式1时,应该置位C端口的(　　)位,才允许送出A端口的中断请求信号。

A. PC_7　　B. PC_6　　C. PC_5　　D. PC_4

(11) 通过8255A的A端口实现双机数据通信时,其工作方式可以设置为(　　)。

A. 方式0　　B. 方式1　　C. 方式2　　D. 都不能

(12) 若8255A的地址范围为600H～603H,则方式控制字从(　　)地址送入。

A. 600H　　B. 601H　　C. 602H　　D. 603H

(13) 若8255A的地址范围为600H～603H,则置0/置1控制字从(　　)地址送入。

A. 600H　　B. 601H　　C. 602H　　D. 603H

(14) 若8255A的方式控制字为10011001B,则工作在输出方式的是(　　)。

A. A端口　　B. B端口

C. C端口高4位　　D. C端口低4位

(15) 当8255A的PA端口工作在方式1的输入时,对PC_4置位,其作用是(　　)。

A. 启动输入　　B. 停止输入

C. 允许输入　　D. 开放输入中断

(16) 8255A工作在方式1的输出时,$\overline{OBF}$信号的低电平表示(　　)。

A. 输入缓冲器满信号　　B. 输入缓冲器空信号

C. 输出缓冲器满信号　　D. 输出缓冲器空信号

(17) 对8255A的C端口PC_4置1的控制字为(　　)。

A. 00000110B　　B. 00001001B　　C. 00000100B　　D. 00000101B

(18) 8255A的端口A工作在方式1输入时,C端口的(　　)一定为空闲的。

A. PC_4、PC_6　　B. PC_2、PC_3　　C. PC_6、PC_7　　D. PC_5、PC_6

(19) 8255A 的方式选择控制字为 80H,其含义是(　　)。

A. A、B、C 端口全为输入

B. A 端口为输出,其他为输入

C. A、B 端口为方式 0

D. A、B、C 端口均为方式 0,输出

(20) 一台智能仪器采用 8255A 芯片作数据传送口,若芯片的 A 端口地址为 0F4H,则当 CPU 执行输出指令访问 0F7H 端口时,其操作为(　　)。

A. 数据从 C 端口送数据总线　　B. 数据从数据总线送 C 端口

C. 控制字送控制字寄存器　　D. 数据从数据总线送 B 端口

2. 填空题。

(1) 8255A 并行接口电路可编程工作在基本输入输出、________和________这 3 种工作方式。

(2) 已知一个共阳极七段数码管的段排列如图 1.14 所示,若要使显示字符 3,则七段编码 gfedcba 应为________。

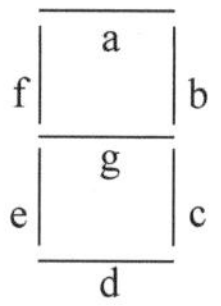

图 1.14　七段数码管的段排列

(3) 8255A 工作在方式 2 时,使用 C 端口的________作为与 CPU 和外部设备的联络信号。

(4) 8255A C 端口的按位置位复位功能是由控制字中的 D_7 = ________来决定的。

(5) 当 8255A 的控制字最高位 D_7 = 1 时,表示该控制字为________控制字。

(6) 8255A 的 3 个端口中只有________端口输入/输出均有锁存功能。

(7) LED 数码管分为________极和________极两种,其中________极数码管的笔画输入线送高电平时点亮。

(8) 8255A 可以允许中断请求的工作方式有________和________。

(9) 多位 LED 数码管显示的工作方式分________显示和________显示两种。

(10) 为了使 8255A 的端口地址为偶地址,一般将 8255A 的 A_1、A_0 和 8086 系统总线的________相连。

(11) 8255A 是一个________接口芯片。

(12) Intel 8255A 使用了________个端口地址。

3. 8255A 的 A 和 B 端口可分别工作在哪几种方式下?

4. 要求 8255A 的 A 端口工作在方式 2,B 端口工作在方式 1,试写出该 8255A 的方式控制字。

5. 8255A 的方式 0 和方式 1 在功能上有什么区别?在什么情况下使用方式 1?

6. 试编写程序段,将 PC_5 置 1,PC_3 置 0,其他位不变,设该 8255A 的控制端口地址为 8003H。

7. 若 8255A 的 A 端口工作在方式 0 输出,B 端口工作在方式 1 输入,除了为 B 端口做联络信号的 C 端口相关位外,其余均做输出用。如该 8255A 的控制端口地址为 8003H,试

写出初始化程序段。

8. 当数据从8255A的C端口读入CPU时，8255A的控制信号$\overline{CS}$、$\overline{RD}$、$\overline{WR}$、A_0、A_1分别为什么电平？

9. 设某8255A芯片端口地址为60H～63H，要求利用C端口置位/复位控制字实现PC_0输出如图1.15所示的波形，试编写程序实现上述功能（说明：延时5s通过CALL D5S指令实现）。

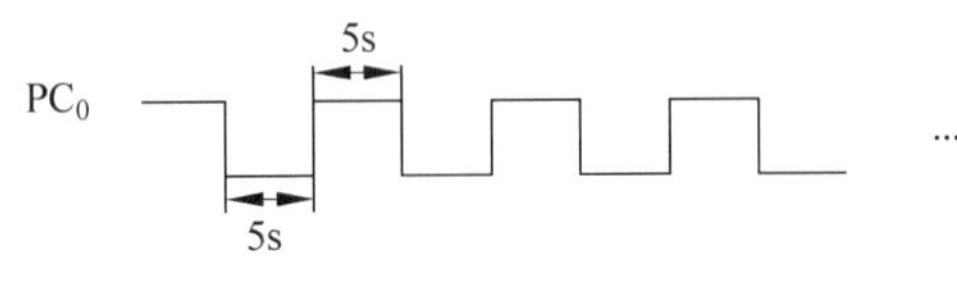

图1.15 PC_0输出波形

10. 某8086微机系统中使用8255A作为并行口，A端口为方式1输入，以中断方式与CPU交换数据，中断类型号为0FH（A端口为方式1输入时其中断允许位为PC_4），B端口工作于方式0输出，C端口余下的I/O线做输入。设8255A的控制口地址为0B6H，试编写8255A的初始化程序，并设置A端口的中断向量（设A端口中断服务子程序名为PASER）。

11. 简述行列式键盘的读入方法。

12. 图1.16是8×8的非编码键盘和8255A的接口电路，8255A的A端口做输出口，B端口做输入口。若A端口地址为PORTA，B端口地址为PORTB，控制口地址为PORTCN，试编写8255A初始化和等待键按下的程序段。

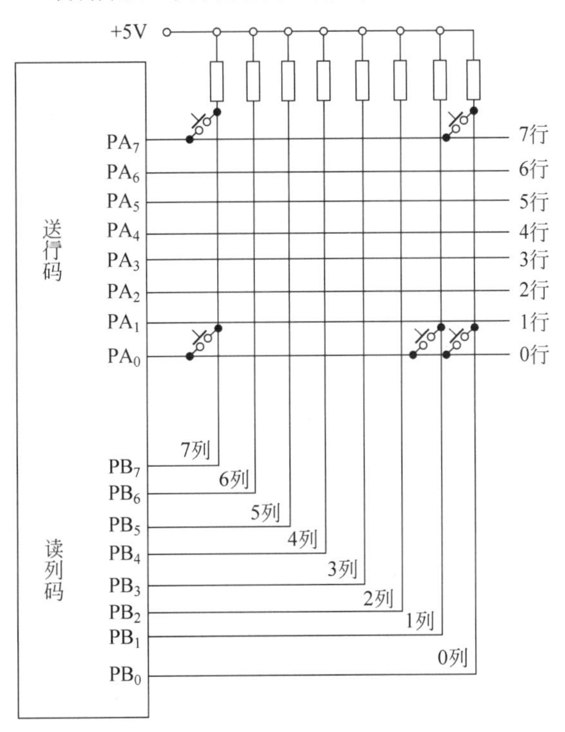

图1.16 键盘接口电路

13. 8255A 芯片的 A 端口、B 端口已分别与 8 个 LED 灯、8 个开关连好，C 端口的 PC_2 与一个手动开关 M 连接，译码电路中，只有 $A_9 \sim A_0$ 用于端口译码，其余地址均做 0 处理，分析如图 1.17 所示的连接线路图，回答问题。

(1) 8255A 的 4 个端口地址是多少？

(2) 试编写 8255A 初始化以及满足下列要求的程序段：采用查询方式，实现把 B 端口的开关量数据送往 A 端口，控制指示灯。PC_2 所连手动开关 M 作为"准备好"开关，当设置好 8 个开关量后，手动开关 M 闭合，表明此时数据已准备好，可读取开关量控制相应指示灯亮。

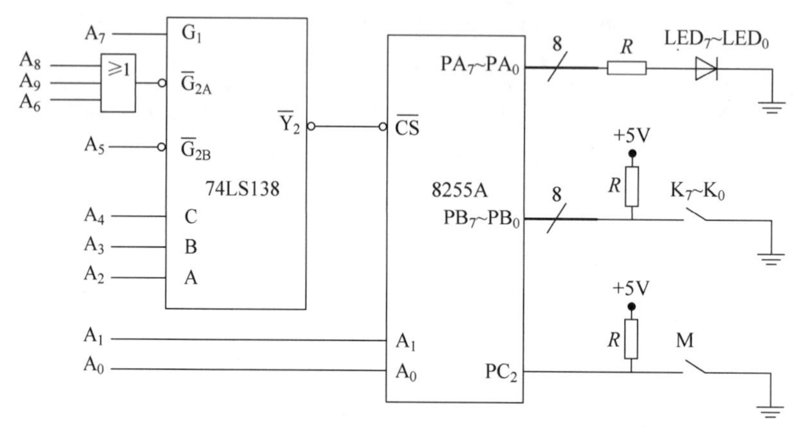

图 1.17　8255A 接口电路

14. 8255A 用作查询式打印接口时的电路连接和打印机各信号的时序如图 1.18 所示。8255A 的端口地址为 80H～83H，工作在方式 0，试编一个程序段，将数据区中变量 DATA 的 8 位数据送打印机打印，程序以 RET 指令结束。

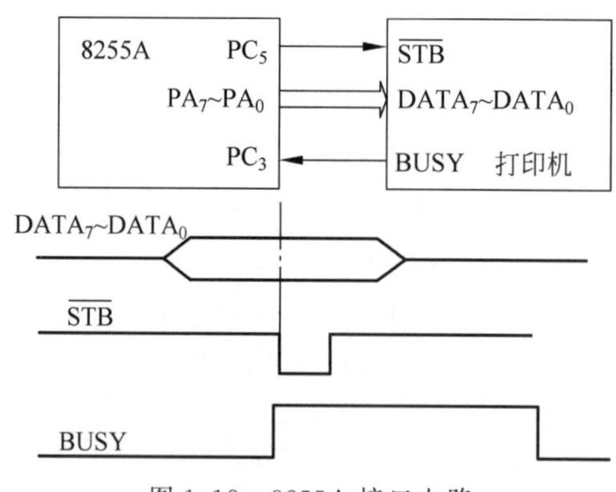

图 1.18　8255A 接口电路

15. 如图 1.19 所示，根据开关状态控制继电器通断，当开关 K 闭合时，要求对应的继电器线圈通电，反之不通电。要求每 10ms 检测一次开关状态，延时子程序可以略去。试编写对 8255A 的初始化程序、检测、控制程序。设 8255A 的端口地址为 60H～63H。

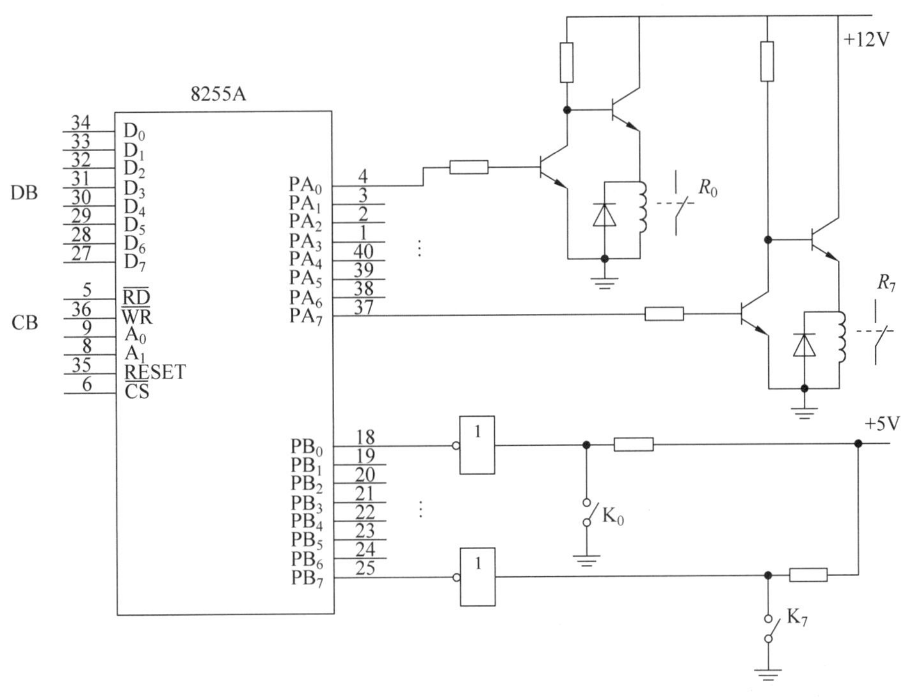

图 1.19　习题 15 接口电路

1.8　串行接口

1.8.1　例题

1. 何为波特率？设数据传送的速率是 120 字符/秒，而每一个字符格式中，数据位为 7 位，停止位、校验位各 1 位，则传送的波特率为多少？

解：波特率是指单位时间内传输的二进制信息的位数，单位为位/秒。

因为每个字符必须有一位起始位，所以每字符位数是 7＋1＋1＋1＝10(位)。

传送的波特率为 10×120＝1200(位/秒)＝1200(波特)。

2. 串行通信有什么特点？有哪两种最基本的通信方式？其数据格式如何？

解：串行通信是指与外设之间的数据传送是逐位依次传输的，每位数据占据一个固定的时间长度。这种情况只要少数几条线就可以在系统间交换信息。特别适用于计算机与计算机、计算机与外设之间的远距离通信，但串行通信的速度比较慢。

串行通信有两种最基本的通信方式：异步通信、同步通信。

异步通信所采用的数据格式是以一组可变"位数"的数组组成的。第一位称起始位，它的宽度为 1b，低电平；接着传送 5～8 位数据位，高电平为 1，低电平为 0；也可有一位奇偶校验位(可选)；最后是停止位，宽度可以是 1b、1.5 b 或 2b，在两个数据位之间可有空闲位。计算机之间的异步通信速率一般不应变动，但通信的数据是可变的，也就是说，数据字之间的空闲位是可变的。

同步通信所采用的数据格式是在数据块开始处用同步字符来指示，根据控制规则可分为两种：面向字符及面向比特。

相同速率情况下，同步通信的速度高于异步通信。

3. 甲乙两台计算机近距离通过RS-232C相连进行串行通信时，常采用什么样的三线连接法？

解：甲乙两台计算机近距离通过RS-232C相连进行串行通信时，常采用三线连接法，即甲方计算机的RxD端接乙方计算机的TxD端，甲方计算机的TxD端接乙方计算机的RxD端，甲乙双方接地端共同接地，这样就可以进行最简单的计算机串行通信。

4. 简述8251A基本功能。

解：8251A的基本性能如下。

(1) 可用于同步和异步传送。

(2) 同步传送：5～8b/字符，内部或外部同步，可自动插入同步字符。

(3) 异步传送：5～8b/字符，时钟速率为通信波特率的1、16或64倍。

(4) 可产生1b、1.5b或2b的停止位。可检查假启动位、自动检测和处理终止字符。

(5) 波特率：DC，19.2kb/s(异步)；DC，64kb/s(同步)。

(6) 完全双工，双缓冲器发送和接收器。

(7) 出错检测，具有奇偶、溢出和帧错误等检测电路。

5. 设置8251A为异步传送方式，波特率因子为64，采用偶校验，1位停止位，7位数据。试分别编写采用8251A接收数据和发送数据的程序(设8251A与外设有握手信号联系，数据口地址为0880H，控制口地址为0882H)。

解：根据题意，8251A的方式控制字为01111011B(7BH)，接收时操作命令控制字为00010100B(14H)，发送时操作命令控制字为00110001B(31H)，接收时检测状态控制字中RxRDY是否为1，发送时检测状态控制字中TxRDY是否为1。

接收参考程序如下。

```
        MOV     DX,0882H            ;控制口地址为0882H
        MOV     AL,7BH
        OUT     DX,AL               ;写方式控制字
        MOV     AL,14H
        OUT     DX,AL               ;写操作命令控制字
LOP:    IN      AL,DX               ;读入状态控制字
        TEST    AL,02H              ;检测状态控制字中RxRDY
        JZ      LOP
        MOV     DX,0880H
        IN      AL,DX               ;输入数据
```

发送参考程序如下。

```
        MOV     DX,0882H            ;控制口地址为0882H
        MOV     AL,7BH
        OUT     DX,AL               ;写方式控制字
        MOV     AL,31H
        OUT     DX,AL               ;写操作命令控制字
LOP:    IN      AL,DX               ;读入状态控制字
        TEST    AL,01H              ;检测状态控制字中TxRDY
```

```
JZ      LOP
MOV     DX,0880H
MOV     AL,XX                    ;需要发送的数据 XX 送入 AL
OUT     DX,AL                    ;输出数据
```

1.8.2 习题

1. 选择题。

(1) 异步通信传输信息时,其特点是(　　)。

A. 通信双方不必同步　　B. 每个字符的发送是独立的

C. 字符之间的传输时间长度相同　　D. 字符发送速率由波特率确定

(2) 同步通信传输信息时,其特点是(　　)。

A. 通信双方必须同步　　B. 每个字符的发送不是独立的

C. 字符之间的传输时间长度可不同　　D. 字符发送速率由数据波特率确定

(3) 对于串行接口,其主要功能为(　　)。

A. 仅串行数据到并行数据的转换

B. 仅并行数据到串行数据的转换

C. 输入时将并行数据转换为串行数据,输出时将串行数据转换为并行数据

D. 输入时将串行数据转换为并行数据,输出时将并行数据转换为串行数据

(4) 在异步串行通信中,相邻两帧数据的间隔是(　　)。

A. 0　　B. 任意的

C. 确定的　　D. 与波特率有关

(5) 下列有关异步串行通信的叙述中,正确的是(　　)。

A. 发送方与接收方无须同步

B. 奇偶校验位的作用是检错与纠错

C. 在全双工方式下,收发双方只需用一根线相连

D. 远程终端一定要通过 modem 才能与主机相连接。

(6) 异步通信区别于同步通信的主要特点是(　　)。

A. 通信双方需要同步字符

B. 字符之间的间隔时间长度应相同

C. 每个字符的发送是独立的

D. 字符发送速率由波特率确定

(7) 在数据传输率相同的情况下,同步通信的字符传送速度要高于异步通信,其主要原因是(　　)。

A. 发生错误的概率低

B. 字符成组传送,字符间无间隔

C. 附加的多余信息少

D. 采用了检错率强的检验方法

(8) 串行接口中,并行数据和串行数据的转换的实现是利用(　　)。

A. 数据寄存器　　B. 移位寄存器　　C. 锁存器　　D. A/D转换器

(9) 在串行通信中,使用波特率来表示数据的传输速率,它是指(　　)。

A. 每秒传送的字符数　　B. 每秒传送的字节数

C. 每秒传送的位数　　D. 每分钟传送的字符数

(10) 在异步串行通信中,常采用的校验方法是(　　)。

A. 奇偶校验　　B. 双重奇偶校验

C. 海明码校验　　D. 循环冗余码校验

(11) RS-232C接口的信号电平范围为(　　)。

A. 0～5V　　B. －5～＋5V

C. 0～10V　　D. －15～＋15V

2. 填空题。

(1) 在串行通信中有两种基本的通信方式,即________和同步通信。

(2) 只有在________信号到来之后,或者最先写入________后,才能将方式控制字写入8251A。

(3) 串行传送时,被传送数据需要在发送部件中进行________变换。

(4) RS-232C是用于数据通信设备和数据终端设备间的________接口标准。

(5) 数据在传送线上一位一位依次传送,称为________传送方式。

(6) 在串行通信数据传送中,通常传送方式有单工、半双工和________ 3种。

3. 异步通信中,异步的含义是什么?

4. 某系统采用异步串行方式与外设通信,发送字符格式由1位起始位、7个数据位、1个奇偶校验位和2个停止位组成,波特率为1200b/s。问,该系统每分钟发送多少个字符?若波特率因子为16,发送时钟频率为多少?

5. 简述并行通信和串行通信的优缺点。

6. 为什么要在RS-232C与TTL之间加转换?

7. 调制解调器在通信中的作用是什么?

8. 什么叫异步工作方式?画出异步工作方式时8251A的TxD和RxD线上的数据格式。什么叫同步工作方式?什么叫双同步字符方式?外同步和内同步有什么区别?画出各种同步工作时8251A的TxD和RxD线上的数据格式。

9. 设8251A为异步工作方式,1个停止位,偶校验,7个数据位,波特率因子为16,请写出其方式字。若发送使能,接收使能,$\overline{DTR}$端输出低电平,$\overline{TxD}$端发送空白字符,$\overline{RTS}$端输出低电平,内部不复位,出错标志复位,请给出其控制字。

10. 在微机系统中,8251A作为CRT显示器、键盘串行通信接口,如图1.20所示。8251A主时钟CLK为2MHz,发送时钟TxC和接收时钟RxC由分频器提供。片选信号$\overline{CS}$由地址高位译码后提供数据地址为0D8H,控制地址为0DAH,8251A经RS-232C接口与显示器、键盘相连,所以它们之间要用MC1488和MC1489进行电平变换。要求对8251A进行初始化编程,并编写发送程序和接收程序。

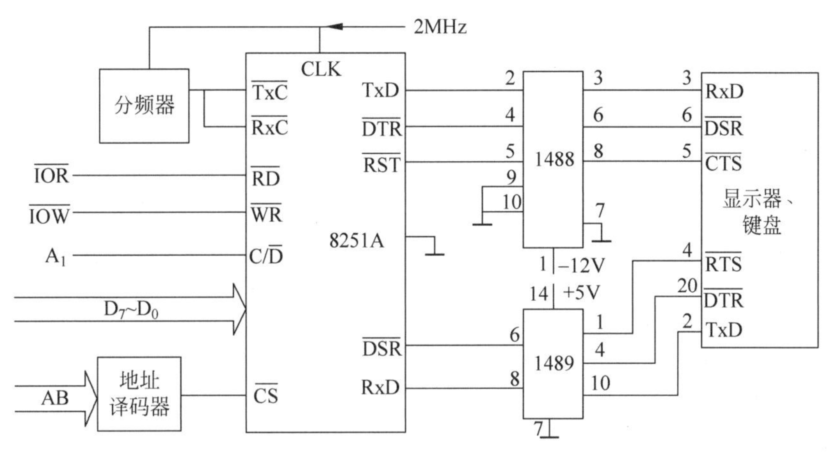

图 1.20　8251A 作为 CRT 显示器、键盘串行通信接口电路

1.9　计数器/定时器

1.9.1　例题

1. 简述 8253 计数器/定时器方式 0 和方式 4 的区别。

解：8253 计数器/定时器方式 0 为计数结束中断方式，方式 4 为软件触发选通方式。

(1) 方式 0 和方式 4 都是由软件触发启动计数，无自动重装入计数初值能力，除非再写初值。门控信号 GATE 用于 CLK 进入减 1 计数器的控制；高电平时，CE 减 1；低电平时，CE 停止。

(2) 两种方式的区别在于输出信号 OUT 的波形上。方式 0 下，当写入控制字时，OUT 变为低电平，直到计数到 0，输出才变为高电平；而方式 4，当写入控制字时，OUT 变为高电平，当计数到 0 时，输出一个时钟周期的负脉冲，再恢复为高电平。

2. 8253 的每个通道都有一个 GATE 端，请说明它有什么作用。

解：门控信号 GATE 用于启动或禁止计数器的操作。在不同的工作方式中，门控信号的触发方式有着具体的规定，如表 1.6 所示。

表 1.6　GATE 信号控制功能

工作方式	低电平或负跳变	正跳变	高电平
方式 0	禁止计数	—	允许计数
方式 1	—	1. 启动计数； 2. 在下一个脉冲后将输出置为低电平	—
方式 2	1. 禁止计数； 2. 立即将输出置为高电平	1. 启动计数； 2. 重新装入计数初值	允许计数
方式 3	1. 禁止计数； 2. 立即将输出置为高电平	1. 启动计数； 2. 重新装入计数初值	允许计数
方式 4	禁止计数	—	允许计数
方式 5	—	启动计数	—

3. 8253的初始化编程分哪几步进行?

解:芯片加电后,其工作方式是不确定的,为了正常工作,要对芯片进行初始化。初始化包括两点:一是向控制寄存器写入方式控制字,以选择计数器、确定工作方式、指定计数器计数初值的长度和装入顺序以及计数值的码制;二是向已选定的计数器按方式控制字的要求写入计数初值。

4. 对计数器1初始化,使其工作于方式3,采用二进制格式计数,计数初值为2000H。设8253的端口地址为80H~83H。

(1) 编写初始化程序。

(2) 若要在计数过程中读出当前计数值,又如何编写程序?

解:

(1) 确定控制字。

$SC_1SC_0=01$　　选择1#计数器

$RW_1RW_0=11$　　先读/写低8位,再读/写高8位

$M_2M_1M_0=011$　　工作方式3

BCD=0　　二进制

则控制字为01110110(76H)。

初始化程序段如下。

```
MOV   AL,76H           ;通道1初始化
OUT   83H,AL
MOV   AX,2000H
OUT   81H,AL           ;先写低8位
MOV   AL,AH
OUT   81H,AL           ;再写高8位
```

(2) 8253计数器是16位,要分两次读到CPU中,但是计数器正在计数过程中,在读取计数器期间计数值有可能发生变化,因此,CPU在读取计数值时,要锁存当前计数器的值。其方法是向8253输出一个计数器锁存命令。8253的每个计数器都有一个16位的输出锁存器OL,一般情况下,它的值随计数器的值变化,当写入锁存控制命令后,它就把计数器的现行值锁存,此时计数器继续计数。这样,CPU就可用输入指令从所读计数器口地址读取锁存器的值。CPU读取计数值后,自动解除锁存状态,它的值又随计数器而变化。

读取计数器1的16位当前计数值,控制字为:

$SC_1SC_0=01$　　选择1#计数器

$RW_1RW_0=00$　　锁存当前计数值到输出锁存器中

$M_2M_1M_0$和BCD位无关,默认均取0,则控制字为01000000(40H)。

初始化程序段如下。

```
MOV    AL,40H          ;向通道1写锁存命令
OUT    83H,AL
IN     AL,81H          ;先读低8位
XCHG   AL,AH           ;暂存AH
IN     AL,81H          ;再读高8位
XCHG   AL,AH           ;利用交换指令使计数值的低字节到AL,高字节到AH
```

5. 8253的计数通道0的电路如图1.21所示,试回答下列问题:

(1) 计数通道0工作于何种工作方式?工作方式的名称是什么?

（2）写出计数通道 0 的计数初值。

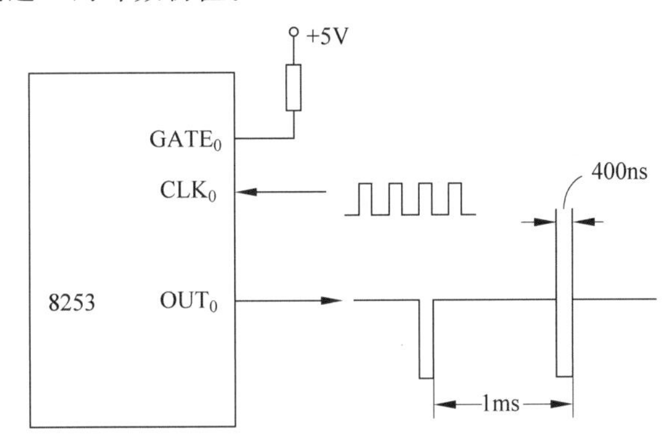

图 1.21　8253 的计数通道 0 的电路

解：

（1）工作于方式 2，是速率发生器。

（2）方式 2 的重复周期是 Tout＝n×Tclk，负脉冲宽度为 1×Tclk。

所以，计数初值 n＝Tout/Tclk＝1ms/400ns＝2500。

6. 如图 1.22 所示，某个以 8086 为 CPU 的系统中使用了一块 8253 芯片，所用的时钟脉冲频率为 1MHz。要求 3 个计数通道分别完成以下功能：

（1）通道 0 工作于方式 3，输出频率为 2kHz 的方波；

（2）通道 1 产生宽度为 480μs 的单脉冲；

（3）通道 2 用硬件方式触发，输出单周期负脉冲，高低电平之比为 26∶1。

试编写初始化程序。

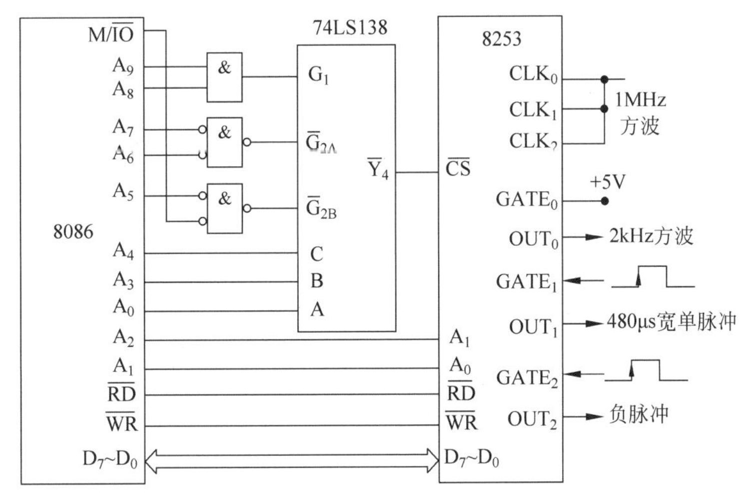

图 1.22　8253 电路

解：本题主要是根据图示中的片选信号产生电路，得到 8253 的端口地址，然后计算计数通道的初值、控制字，完成相应计数通道的初始化编程即可。

（1）8253 端口地址。

根据图 1.22，分析出 8086CPU 各地址线电平要求如表 1.7 所示。从表中可以看出 8253 计数器 0～2、控制端口地址分别为 310H、312H、314、316H。

表 1.7　例 6 计数器 8253 端口地址分析

G_1		$\overline{G}_{2A}$		$\overline{G}_{2B}$	C	B	A_1	A_0	A	地址	通道
A_9	A_8	A_7	A_6	A_5	A_4	A_3	A_2	A_1	A_0		
1	1	0	0	0	1	0	0	0	0	310H	0
1	1	0	0	0	1	0	0	1	0	312H	1
1	1	0	0	0	1	0	1	0	0	314H	2
1	1	0	0	0	1	0	1	1	0	316H	控制

(2) 8253 计数器工作方式选择、初值计算及控制字确定。

通道 0 工作于方式 3,计数初值为 $N_0=1\text{MHz}/2\text{kHz}=500$,控制字为 00110111B。

通道 1 工作在方式 1,计数初值为 $N_1=480\mu s/1\mu s=480$,控制字为 01110011B。

通道 2 工作在方式 5,计数初值为 $N_2=26$,控制字为 10011011B。

以上控制字均以 BCD 码十进制计数。

(3) 初始化程序。

通道 0 初始化程序:

```
MOV   DX,316H           ;控制口地址
MOV   AL,00110111B      ;通道 0 控制字
OUT   DX,AL
MOV   DX,310H           ;通道 0 地址
MOV   AL,00H            ;先写低字节
OUT   DX,AL
MOV   AL,05H            ;后写高字节
OUT   DX,AL
```

通道 1 初始化程序:

```
MOV   DX,316H           ;控制口地址
MOV   AL,01110011B      ;通道 1 控制字
OUT   DX,AL
MOV   DX,312H           ;通道 1 口地址
MOV   AL,80H            ;先写低字节
OUT   DX,AL
MOV   AL,04H            ;后写高字节
OUT   DX,AL
```

通道 2 初始化程序:

```
MOV   DX,316H
MOV   AL,10011011B      ;通道 2 控制字
OUT   DX,AL
MOV   DX,314H           ;通道 2 地址
MOV   AL,26H            ;只写入低字节
OUT   DX,AL
```

7. 已知 8253 的通道 $CLK_0=2\text{MHz}$,现系统要求 8253 的 OUT_1 产生 0.1s 的定时方波信号。

(1) 说明所使用通道的工作方式并计算计数初值。

(2) 画出电路图。

(3) 编写 8253 的初始化程序(8253 的端口地址为 80H～83H,均采用二进制计数)。

解：

(1) 方波使用方式 3 产生，输入频率为 2MHz，因此 0.1s/(1/2MHz) = 200 000>65 535，计数器无法使用一个通道实现功能，采用通道 0 和通道 1 相级联的方法。

因为 200 000=1000×200，所以

通道 0：工作于方式 2 或方式 3，计数初值为 1000，控制字为 00110100B 或 00110110B；

通道 1：工作于方式 3，计数初值为 200，控制字为 01010110B。

(2) 电路如图 1.23 所示。

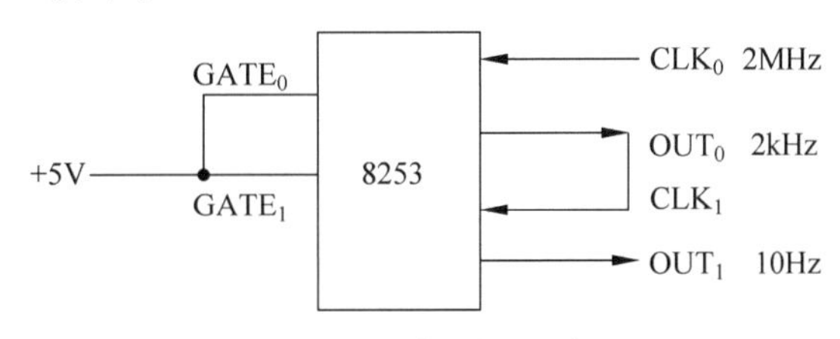

图 1.23 例题 7 电路

(3) 初始化程序如下。

```
MOV   AL,00110100         ;通道 0 初始化(控制字或为 36H)
OUT   83H,AL
MOV   AX,1000
OUT   80H,AL
MOV   AL,AH
OUT   80H,AL
MOV   AL,01010110         ;通道 1 初始化
OUT   83H,AL
MOV   AL,200
OUT   81H,AL
```

8. 使用 8253 产生一次性中断，最好采用什么工作方式？若将计数初值送到 8253 通道 0 后经过 20ms 产生一次中断，应如何设置编程？设时钟频率 CLK 为 2MHz，8253 端口地址为 60H～63H。

解： 使用 8253 产生一次性中断，最好采用方式 0。

若 20ms 产生一次中断，而 CLK 为 2MHz，周期为 0.5μs，则计数初值为 20ms/0.5μs = 40000=9C40H。程序如下。

```
MOV   AL,00110000B
OUT   63H,AL              ;设通道 0 为方式 0,二进制计数
MOV   AX,9C40H
OUT   60H,AL              ;先写低 8 位
MOV   AL,AH
OUT   60H,AL              ;再写高 8 位
```

1.9.2 习题

1. 选择题。

(1) 8253 是可编程定时、计数器芯片，它内部有(　　)。

A. 2 个定时器　　　　B. 4 个定时器

C. 3 个计数器　　　　D. 4 个计数器

(2) 8253的定时与计数(　　)。

A. 是两种不同的工作方式

B. 不同定时只加脉冲信号,不设计数值

C. 实质相同,只是所加的计数脉冲要求不同

D. 从各自的控制端口设置

(3) 若8253处于计数过程中,CPU要对它装入新的初值,下列说法正确的是(　　)。

A. 8253禁止编程

B. 8253允许编程,并改变当前的计数过程

C. 8253允许编程,但不改变当前的计数过程

D. 8253允许编程,是否影响当前的计数过程随工作方式而变

(4) 当Intel 8253可编程计数器/定时器工作在方式0,在初始化编程时,一旦写入控制字后,(　　)。

A. 输出信号端OUT变为高电平

B. 输出信号端OUT变为低电平

C. 输出信号保持原来的电位值

D. 立即开始计数

(5) 若8253工作在方式0,当计数到0时,下列说法正确的是(　　)。

A. 恢复计数值,重新开始计数

B. 不恢复计数值,重新开始计数

C. 不恢复计数值,停止计数

D. 恢复计数值,停止计数

(6) 某测控系统要产生一个单稳信号,若使用8253可编程计数器/定时器来实现此功能,则8253应工作在(　　)。

A. 方式0　　B. 方式1　　C. 方式2　　D. 方式3

(7) 下列工作方式中,8253初始化编程后能连续计数的是(　　)。

A. 方式0　　B. 方式1　　C. 方式2　　D. 方式4

(8) 某一测控系统要使用一个连续方波信号,如果使用8253可编程计数器/定时器来实现此功能,则8253应工作于(　　)。

A. 方式0　　B. 方式1　　C. 方式2　　D. 方式3

(9) 计数器工作在方式0,采用二进制计数,计数的初值为1000H,当计数值计到达0后,计数器的值为(　　)。

A. 0　　B. 1　　C. 1000　　D. 1000H

(10) 计数器通道0工作在方式2,计数的初值为1000H,当计数值计到0后,计数器的值为(　　)。

A. 0　　B. 1　　C. 1000　　D. 1000H

2. 填空题。

(1) 在微机应用系统中,实现定时或延时可采用3种方法实现:________、不可编程的

硬件电路定时、________。

(2) 8253 有 3 条写命令，分别是________、________、写锁存命令。

(3) 8253 计数器/定时器的计数值为________位。

(4) 8253 计数器/定时器有________个通道。

(5) 8253 控制寄存器 D_5D_4 位为 10 时，表示________。

(6) 如果要求利用 8253 产生一个方波信号，那么 8253 的工作方式应置为________。

(7) 8253 计数器/定时器中，其计数器的最小计数初值为________，最大计数初值为________。

(8) 8253 工作于方式 3 时，当计数初值为________数时，输出 OUT 为对称方波；当计数初值为________数时，输出 OUT 为近似对称方波。

(9) 某 8253 的端口地址为 40H～43H，若对计数器 0 进行初始化，则工作方式控制字应写入地址________，计数初始值应写入地址________。

(10) 在 PC 中，用 8253 的通道 2 向系统定时提出动态 RAM 刷新请求，选用 128K×1 位的 DRAM，要求在 8ms 内完成芯片 256 行的刷新。已确定通道工作在方式 2，则要求计数器的负脉冲输出周期为________，若 CLK_2 的输入频率为 1.216MHz，则置入通道 2 的计数初值为________。

3. 说明 8253 各种计数方式的区别。

4. 指出 8253 的方式 0～方式 3 各是何种工作方式，为了便于重复计数，最好选用哪些工作方式。

5. 简述 8253 计数器/定时器的方式 2 和方式 3 的工作特点。

6. 说明 8253 计数器/定时器方式 1 和方式 5 的工作特点。

7. 8253 计数器/定时器的输出锁存器 OL 有什么作用?

8. 8253 计数器/定时器选用二进制与十进制计数的区别是什么？每种方式的最大计数值分别为多少?

9. 系统中有一片 8253，其端口地址分别为 280H、281H、282H、283H，试对 8253 编写初始化程序。计数器 0 低 8 位计数，计数值为 256，二进制计数，设置为方式 3；计数器 2 高、低 8 位计数，计数值为 1000，BCD 计数，设置为方式 2。

10. 一个 8253 的计数器 2 工作在单稳态方式，让它产生脉冲宽度为 15ms，写出控制字和计数初值(设频率为 2MHz)。

11. 已知某可编程接口芯片中计数器的端口地址为 40H，控制口的端口地址为 43H，计数频率为 2MHz。计数器到 0 值的输出信号用作中断请求信号，执行下列程序后，发出中断请求信号的周期是多少?

```
MOV   AL,00110110B
OUT   43H,AL
MOV   AL,0FFH
OUT   40H,AL
OUT   40H,AL
```

12. 8253 计数器 0 按方式 3 工作，时钟 CLK_0 为 1MHz，要求输出方波的频率为

50kHz,此时写入的计数初值应为多少?输出方波的1和0各占多少时间?

13. 8253的计数通道0的连接如图1.24所示,8253端口地址为8A0H~8A6H,使用OUT_0循环点亮LED灯,LED亮灭周期之比为1∶9。试编程实现该功能。

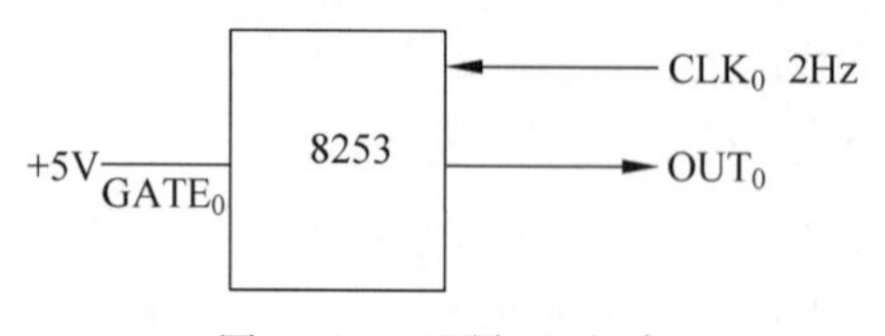

图1.24 习题13电路

14. 系统时钟为5kHz,使用8253分别提供如下信号:通道0提供秒脉冲信号,通道1提供分脉冲信号,通道2提供时脉冲信号。端口地址为60H~63H,试编程完成8253初始化,并给出硬件连接图。

15. 利用8253芯片设计一个脉冲波群发生器。该发生器周期性地输出500kHz、200kHz、100kHz、50kHz、20kHz、10kHz、5kHz、2kHz、1kHz的方波,每种频率的信号持续10ms。假定可提供给8253的时钟频率为2MHz,8253的端口地址为C0H~C3H,试完成软硬件设计(提示:利用8255A的PC_0检测持续时间,8255A的端口地址为60H~63H,已完成初始化)。

16. 利用8253与8255A芯片设计一个脉宽测量系统。当信号从低电平变为高电平时,8253开始对脉宽持续时间计数,反之停止计数,并将测量时间保存到AX寄存器。8253的端口地址为80H~83H,频率输入为1MHz,脉宽最长时间为10ms。试完成软硬件设计(提示:利用8255A的PC_0检测脉宽变化,8255A的端口地址为60H~63H,已完成初始化)。

17. 有一个如图1.25所示的脉冲检测系统,外部正脉冲通过$GATE_0$送入8253。若两个脉冲间隔超过10ms,则延时2ms之后,8253驱动扬声器发出频率为1kHz的声音并点亮LED灯报警。试根据上述功能为8253编写程序,8253端口地址为2C0H~2C3H。

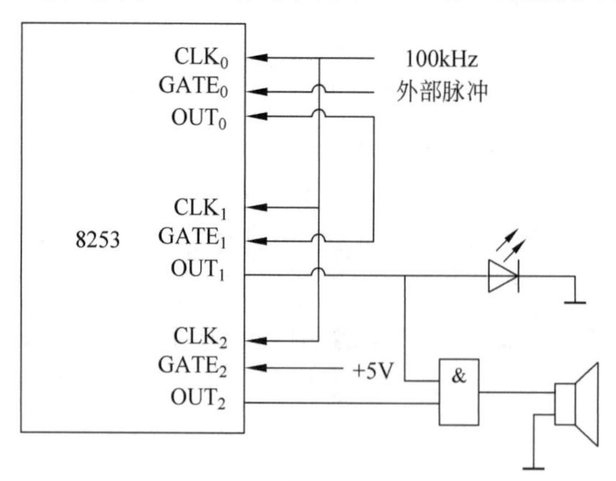

图1.25 习题17电路

18. 如图1.26所示,PCLK为1kHz方波,通过8253产生2s的定时信号,输出连接到PC_2。试编程使PB_0~PB_3连接的LED灯依次点亮,变换间隔为2s。

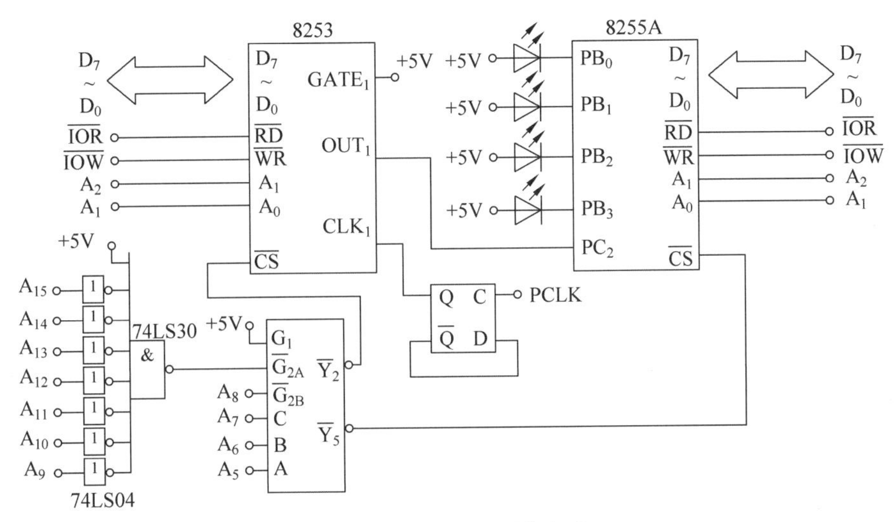

图 1.26　习题 18 系统电路

1.10　数模和模数转换

1.10.1　例题

1. 使用 DAC0832 进行数模转换时，有哪两种方法可对数据进行锁存？

解：在使用 DAC0832 进行数模转换时，可用双缓冲工作方式和单缓冲工作方式对数据进行锁存。具体如下。

双缓冲工作方式是 CPU 对数据进行两步操作：先将数据写入输入寄存器，再将输入寄存器的内容写入 DAC 寄存器。其连接方法是：把 ILE 固定为高电平，$\overline{WR_1}$、$\overline{WR_2}$ 均接到 CPU 的 $\overline{IOW}$，而 $\overline{CS}$ 和 $\overline{XFER}$ 分别接到两个端口的地址译码信号。双缓冲工作方式的优点是 DAC0832 的数据接收和启动转换可异步进行。可以在 D/A 转换的同时，进行下一数据的接收，以提高通道的转换速率，实现多个通道同时进行 D/A 转换。DAC0832 双缓冲工作方式如图 1.27 所示。

单缓冲工作方式是使两个寄存器中任一个处于直通状态，另一个工作于受控锁存器状态。一般是使 DAC 寄存器处于直通状态，即把 $\overline{WR_2}$ 和 $\overline{XFER}$ 端都接数字地。此时，数据只要一写入 DAC 芯片，就立刻进行数模转换。这种工作方式可减少一条输出指令，在不要求多个通道同时刷新模拟输出时，可采用这种方法。DAC0832 单缓冲工作方式如图 1.28 所示。

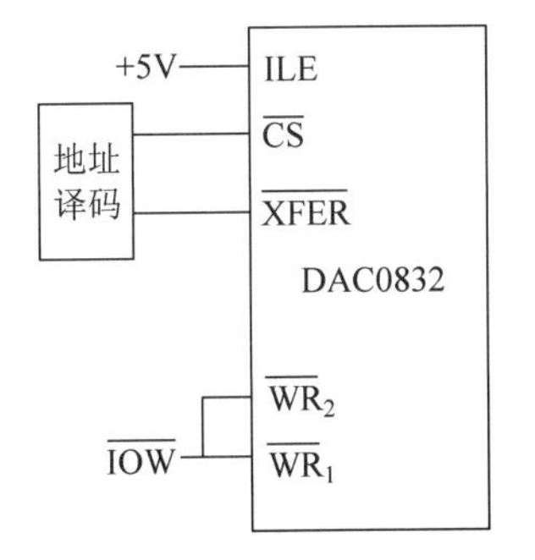

图 1.27　DAC0832 双缓冲工作方式

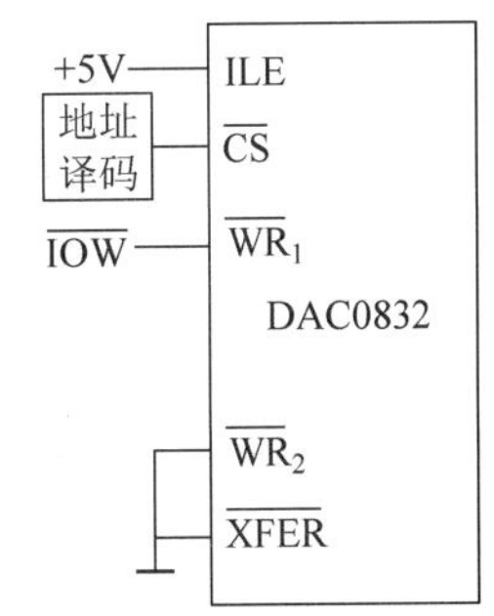

图 1.28　DAC0832 单缓冲工作方式

2. IBM PC/XT 总线扩展槽中扩展一片 DAC0832 转换器,输出如图 1.29 所示的连续梯形波,试设计硬件连线图和软件程序(周期 T 和振幅 A 可自定)。

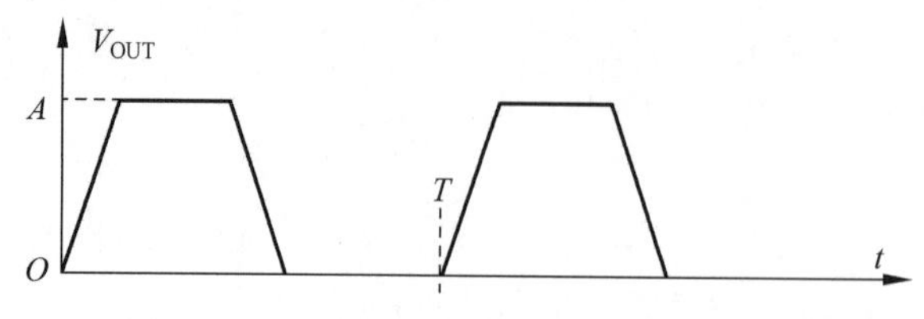

图 1.29 DAC0832 转换器输出连续梯形波

解:DAC0832 转换器电路如图 1.30 所示。

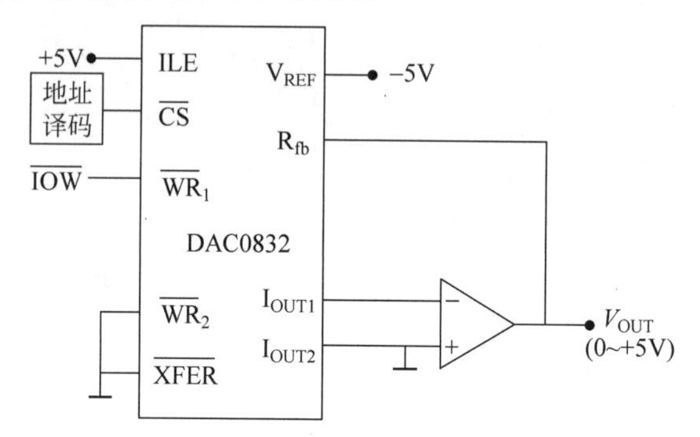

图 1.30 DAC0832 转换器电路

假定端口地址为 PORT1(小于 256),程序为:

```
        XOR  AL,AL
LOP:    OUT  PORT1,AL      ;输出线性增长的电压
        INC  AL
        CMP  AL,0FFH
        JNE  LOP
        CALL DELAY1        ;延时
        XOR  AL,AL
LOP1:   DEC  AL
        OUT  PORT1,AL      ;输出线性递减电压
        CMP  AL,00H
        JNE  LOP1
        CALL DELAY2        ;延时
        XOR  AL,AL
        JMP  LOP
```

3. ADC0809 与 IBM PC/XT 接口电路如图 1.31 所示。把 8 个模拟输入量巡回采集一遍,并存入 ADCBUF 数据缓冲区。试编写程序实现。

解:分析如下。

当启动 ADC0809 转换时,EOC 并不是立即变为低电平,而是继续保持高电平,最多达到 8 个时钟周期,约 16μs 的时间,此时如果只用 EOC 的高电平判断转换完成,就会出错,即 ADC0809 尚未开始转换(此时为高电平)就误认为转换已结束。因此需要首先检查 EOC 信号是否变为低电平,如为高电平则等待。随后再判断转换是否完成,为低电平说明转换在进行中,为高电平说明转换结束。程序段 W0、W1 分别判断了 EOC 由高变低、再由低变高的全过程,保证了转换结束判断的正确性。模拟通道地址 880H 由 BX 指示。

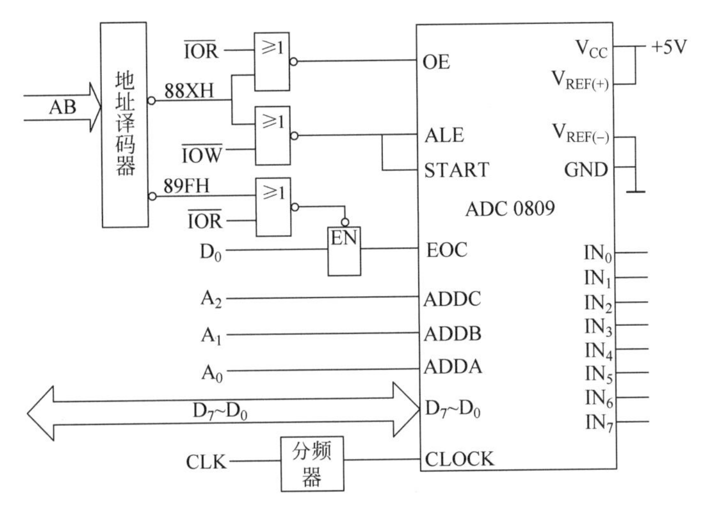

图 1.31 ADC0809 与 IBM PC/XT 接口电路

程序如下。

```
DATA    SEGMENT
BUFADC  DB    8 DUP (?)
DATA    ENDS
CODE    SEGMENT
        ASSUME  CS:CODE,DS:DATA
START:  MOV   AX,DATA
        MOV   DS,AX
        MOV   SI,OFFSET BUFADC
        MOV   CX,8
        MOV   BX,880H
L0:     MOV   DX,BX
        OUT   DX,AL
        MOV   DX,89FH
W0:     IN    AL,DX
        TEST  AL,01H
        JNZ   W0
W1:     IN    AL,DX
        TEST  AL,01H
        JZ    W1
        MOV   DX,BX
        IN    AL,DX
        MOV   [SI],AL
        INC   SI
        INC   BX
        LOOP  L0
        MOV   AH,4CH
        INT   21H
CODE    ENDS
        END   START
```

1.10.2 习题

1. 选择题。

(1) 数字量是指(　　)。

A. 以二进制形式提供的信息　　B. 数值在一定区间内连续变化的量

C. 用两个状态表示的量　　D. 温度、压力、流量等物理量

(2) 8位D/A转换器的分辨率能给出满量程电压的(　　)。

A. 1/8　　B. 1/16　　C. 1/32　　D. 1/256

(3) A/D转换器的分辨率与转换精度的关系是(　　)。

A. 分辨率越高,转换精度越低

B. 分辨率高,转换精度一定高

C. 分辨率与转换精度没有关系

D. 分辨率高,但由于温度等原因,其转换精度不一定高

(4) 反映一个D/A转换器稳定性的技术指标是(　　)。

A. 精度　　B. 分辨率　　C. 输出阻抗　　D. 电源敏感度

(5) 当CPU使用中断方式从A/D转换器读取数据时,A/D转换器向CPU发出中断请求的信号是(　　)。

A. START　　B. OE　　C. INTR　　D. EOC

(6) DAC0832逻辑电源为(　　)。

A. −3～+3V　　B. −5～+5V

C. +5～+15V　　D. +3～+15V

(7) 启动ADC0809芯片开始进行A/D转换的方法是(　　)。

A. START引脚输入一个正脉冲

B. START引脚在A/D转换期间一直为高电平

C. ALE引脚输入一个正脉冲

D. ALE引脚在A/D转换期间一直为高电平

(8) DAC0832的分辨率为(　　)。

A. 8位　　B. 10位　　C. 12位　　D. 16位

2. 填空题。

(1) 在计算机控制系统中,________功能是把非电量的模拟量转换为电压或电流信号。

(2) 数模转换器的性能指标主要有分辨率、精度和________。

(3) 模数转换器的性能指标主要有分辨率、精度、________和量程。

(4) A/D转换器ADC0809为________型的A/D转换器,当其参考电压为5V时,其量化误差为________。

(5) 采样指周期性地采取________,以取得一个脉冲序列,从而使连续的模拟量在时间上离散化。

3. 什么是D/A的分辨率?

4. DAC0832将数字量转换为相应的电流量,若将其转换为电压,应如何实现?若使输出电压范围为0～5V,应如何设计?

5. 若要求3路DAC0832同时输出,画出相关引脚连线图,编写驱动程序。

6. 根据DAC0832转换原理,编写DAC0832产生锯齿波、三角波的程序。

7. 根据DAC0832进行D/A转换时,有哪两种方法可对数据进行锁存?

8. 什么是A/D的分辨率和A/D的精度?

9. 比较双积分A/D转换器和逐次逼近型A/D转换器的优缺点。

10. 图1.32是ADC0809和微处理器接口电路。设ADC0809端口的地址为85H,转换结束延迟采用软件延迟,延迟程序为Delay。试写出从输入通道IN_7读入一个模拟量经

ADC0809转换后进入微处理器的程序段。

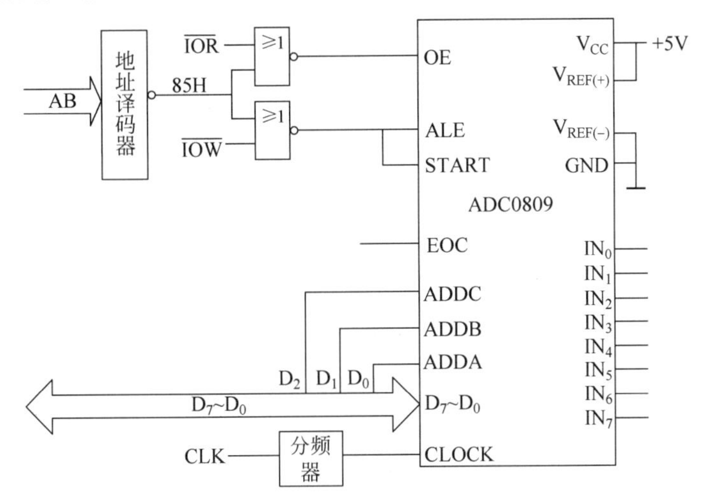

图 1.32　ADC0809和微处理器接口电路

11. ADC0809通过并行接口8255A和CPU相连的接口电路如图1.33所示。地址译码器的输出$\overline{Y}_0$(地址为80H)用来选通8255；$\overline{Y}_1$(地址为84H)用来选通ADC0809。0809的START和ALE同8255A的PB_4相连，EOC同PC_7相连。

(1) 确定8255A端口地址；

(2) 编写8255A的初始化程序，并写出从输入通道IN_7读入一个模拟量经ADC0809转换后送入微处理器的程序段。

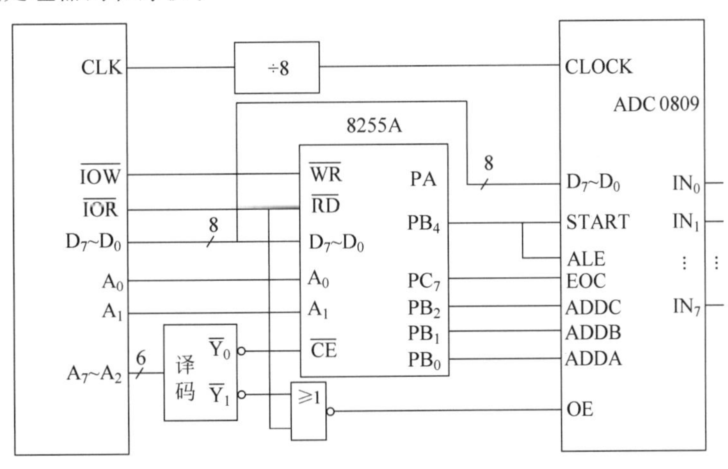

图 1.33　ADC0809通过8255A和CPU相连的接口电路

1.11 总线技术

1.11.1 例题

1. 阐述总线、内总线、外总线的概念。

解：总线就是一组信号线的集合，它定义了各引线的信号、电气、机械特性，使计算机内部各组成部分之间以及不同的计算机之间建立信号联系，进行信息传送和通信。按照总线标准设计和生产出来的计算机模板，经过不同的组合，可以配置成各种用途的计算机系统。总线包括内总线和外总线。

内总线又称为微型计算机总线或板总线，一般称为系统总线。它用于微型计算机系统各插件板之间的连接，是微型计算机系统的最重要的一种总线，通常所说的微型机总线指的就是这种总线。

外总线又称通信总线。它用于微机系统与系统之间、微机系统与外部设备之间的通信通道。这种总线数据传输方式可以是并行的(如打印机)或串行的。数据传输速率比片内总线低。

2. 同步总线有哪些优点和缺点?

解：同步方式用“系统时钟”作为控制数据传送的时间标准。同步总线的总线周期固定，接口设计简单，可以获得较高的系统速度，但要解决各种速度的模块的时间匹配问题。如将一个慢速的设备连接到快速的同步系统上，则整个系统必须降低时钟速率来迁就此慢速设备，反而降低了系统的速度。

3. 说明 EISA 总线与 ISA 总线的区别。

解：EISA(Extended Industry Standard Architecture)是扩展工业标准体系结构总线的简称。由 Compaq、HP、AST 等多家计算机公司联合推出的 32 位标准总线，适用 32 位微处理器。

EISA 总线是在 ISA 总线基础上通过增加地址线、数据线和控制线来实现的。它使用双层插座，在原来 ISA 总线的 98 条信号线上又增加了 98 条信号线，也就是在两条 ISA 信号线之间添加了一条 EISA 信号线。增加的主要信号如下。

(1) 字节允许信号 $\overline{BE_0}$～$\overline{BE_3}$，用于字节选择。

(2) 将地址线 LA_{17}～LA_{23} 扩展为 LA_2～LA_{31}。

(3) 增加了高 16 位数据线 D_{16}～D_{31}，可实现 32 位数据传送。

(4) 增加了 $\overline{EX_{16}}$ 和 $\overline{EX_{32}}$，分别指示系统板是按 16 位或 32 位操作。

另外还增加了 $M/\overline{IO}$、$\overline{START}$、$\overline{CMD}$、$\overline{MACKn}$、$\overline{MREQn}$、EXRDY、$\overline{MSBURST}$、$\overline{SLBURST}$ 等信号。

1.11.2 习题

1. 选择题。

(1) 当前的主流微机中通常采用不含(　　)的 3 种总线标准。

A. ISA　　B. EISA　　C. PCI　　D. PC

(2) 微机系统之间或者微机系统与其他系统(仪器、仪表等)之间采用的总线标准有(　　)。

A. 片总线　　B. STD 总线　　C. RS-232C　　D. EISA 总线

(3) 1994 年由 COMPAQ 等 7 大公司联合开发的计算机串行接口标准，即万能插口是(　　)。

A. USB　　B. RS-232C　　C. SCSI　　D. IDE

(4) 下列各项中，(　　)不是同步总线协议的特点。

A. 不需要应答信号　　B. 各部件间的存取时间比较接近

C. 总线长度较短　　　　　　　　　　D. 总线周期长度可变

(5) 下列部件中,直接通过芯片级总线与 CPU 相连的是(　　)。

A. 键盘　　　B. 磁盘驱动器　　　C. 内存　　　D. 显示器

(6) USB 总线的特点是(　　)。

A. 并行总线　　　　　　　　　　B. 支持热插拔

C. 双绞线通信　　　　　　　　　D. 需要插在主板上 196 脚插槽中

(7) CAN 通信总线多用于连接(　　)。

A. CPU 与内存　　　　　　　　　B. 工业现场设备

C. 靠近的两台 PC　　　　　　　D. 软盘驱动器与主板

2. 填空题。

(1) 早期的 ISA 总线有________个基本引脚,可传送数据线________条,地址线________条,控制线 22 条。在 16 位 CPU 出现后,ISA 总线扩展的 36 条信号线中,数据/地址线 8 条,最高地址线 7 条,控制信号线 19 条,电源和地线 2 条。

(2) PCI 属于高性能________总线,其独立于微处理器的设计,可以保证其适应微处理器的不断升级换代,并可以和 ISA 等局部总线________。

(3) EISA 总线是一种支持多处理器的高性能的________位标准总线。

(4) AGP(Accelerated Graphics Port)即________。它是一种为了提高视频带宽而设计的________。

(5) SCSI 是________。它用于计算机与磁盘机、扫描仪、通信设备和打印机等外部设备的连接。目前广泛用于微型计算机中________与硬盘和光盘的连接,成为最重要、最有潜力的新总线标准。

(6) CAN 总线采用类似以太网的 CSMA/CA 方法进行总线仲裁,若用户需要增加一个新的节点到一个 CAN 网络中,不用对已经存在的节点进行________。

3. 什么是微型计算机系统总线?常见的总线结构形式有哪几种?

4. 试说明 PCI 总线的主要特点。

5. 什么是 AGP 总线?试说明 AGP 总线的主要作用。

6. 1394 串行总线支持哪两种传输类型?

7. CAN 总线报文传输格式按功能分可以具体分为哪 4 种帧?

第2章 汇编语言程序设计实验

2.1 汇编程序设计概述

2.1.1 汇编语言程序设计的上机过程

汇编语言的实践环节——上机实验，是快速掌握汇编语言程序设计的重要手段。本节主要介绍汇编语言程序设计的上机过程，主要包括编辑、汇编、连接、运行、调试等步骤，为汇编语言的软硬件实验奠定了坚实的基础。

汇编语言程序设计的上机过程如下。

(1) 编辑汇编语言源程序，用编辑器编写一个以.ASM 为扩展名的源文件。

(2) 对源程序进行汇编，生成以.OBJ 为扩展名的目标文件。

(3) 将一个或多个目标文件(必要的话还有库文件)连接生成以.EXE 为扩展名的可执行文件。

(4) 执行可执行文件。

(5) 若程序执行时不符合功能要求，则需要进行调试，发现并改正程序中的错误。

(6) 重复汇编和连接过程，再执行可执行文件，直至实现全部功能要求。

汇编语言程序从编辑到运行过程如图 2.1 所示。

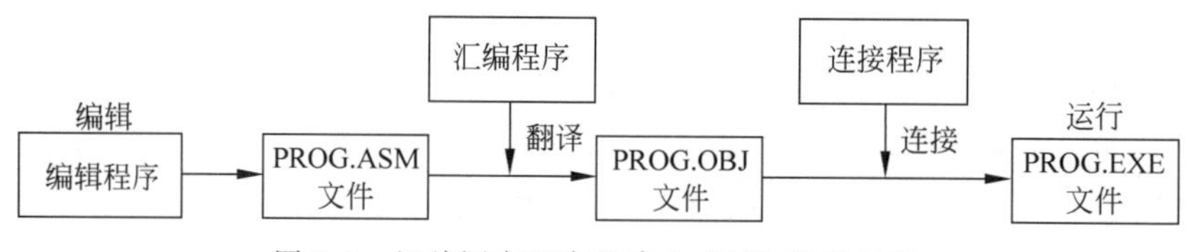

图 2.1 汇编语言程序的建立、汇编、连接过程

2.1.2 汇编语言开发环境

1. DOS 环境

PC 一台，在 PC 的任一逻辑盘上创建一个 MASM 子目录，把下面 4 个文件复制到该子目录中文件夹下。

编辑软件：EDIT. COM。

汇编软件：MASM. EXE。

连接程序：LINK. EXE。

调试程序：DEBUG. EXE。

实验调试的步骤如下。

（1）开启 PC，运行于 DOS 状态，且进行如下操作：

```
C:\WINDOS > CD..↙
C:\> D: ↙
D:\> CD  MASM ↙
D:\MASM >
```

（2）编写源程序，建立 ASM 文件。

（3）用汇编程序（MASM）对源文件 EX01. ASM 进行汇编，产生目标文件 EX01. OBJ 文件。

源文件建立后，要用汇编程序对源文件进行汇编，汇编后产生二进制的目标文件（OBJ 文件），操作如下。

格式：

```
MASM <文件名>[;]
D:\MASM > MASM  EX01.ASM; ↙
Microsoft(R)Macro Assembler Version 5.00
Copyright(C)Microsoft Corp 1981 - 1985,1987. All right reserved.

51562 + 422726 Byte symbol space free
0 Warning Errors
0 Severe Errors
```

注意，在汇编之后有个"；"是可选项，如果加上分号，就可以避免一系列的提示，并生成计算机默认的 EX01. OBJ 文件。

显示信息的最后两行是错误提示，汇编程序会提示出错的源程序所在行及出错原因，用户可以根据提示的行数，在源程序中找出错误并改正。若存在 Warning Errors，则可以忽略；若存在 Severe Errors，则一定要根据显示的出错信息重新编辑程序并修改错误，直至汇编通过为止。如调试需要用 lst 文件，则应在汇编的命令中去掉分号。

（4）用 LINK 程序，产生可执行的 EXE 文件。

汇编程序生成的二进制的目标文件并不是可执行的文件，还必须使用连接程序（LINK）把 OBJ 文件转换为可执行的 EXE 文件。方法如下。

格式：

```
LINK <文件名>[;]
D:\MASM > LINK  EX01.OBJ ↙
Microsoft(R)Overlay Linker Version 3.60
Copyright(C)Microsoft Corp 1983 - 1987. All right reserved.
```

（5）执行程序。

可以从 DOS 下直接执行程序：

```
D:\MASM > EX01 ↙
```

程序运行结束并返回 DOS。如果用户程序中含有运行结果的屏幕显示，那么程序运行结束时，就会在屏幕上看到结果。但是，大部分程序并没有在屏幕上显示出结果，因此，程序必须经过调试才能纠正程序执行中的错误，得到正确的结果，故必须使用 DEBUG 来调试程序。

（6）用 DEBUG 程序来调试 EX01. EXE 文件。

```
D:\MASM > DEBUG  EX01.EXE ↙
```

注:

① 学会用 DEBUG 调试程序,对上面程序用单步、断点、全速运行方式进行调试。

② 学会显示、修改寄存器或内存单元的操作。

2. Windows 集成开发环境

PC一台,且PC中已安装了Windows环境下的汇编开发软件Wmd86 V5.2。

实验调试的步骤如下。

(1) 输入源程序。打开Windows环境下的集成开发软件Wmd86,出现如图2.2所示的界面,其中右侧是源程序编辑区,输入编写好的源程序。

```
DATAREA  SEGMENT
STRING1   DB  'I am a teacher'
STRING2   DB  'I am a student'
YES       DB  'MATCH!', 13, 10, '$'
NO        DB  'NO MATCH!', 13, 10, '$'
DATAREA  ENDS
CODE     SEGMENT
MAIN     PROC    FAR
          ASSUME  CS: CODE, DS: DATAREA, ES: DATAREA
START:    PUSH  DS
           SUB    AX, AX
           PUSH   AX
           MOV   AX, DATAREA
           MOV   DS, AX
           MOV   ES, AX
           LEA   SI, STRING1
           LEA   DI, STRING2
           CLD
           MOV  CX, STRING2-STRING1
           REPZ  CMPSB
           JZ     MATCH
           LEA   DX, NO
           JMP   SHORT  DISP
MATCH:   LEA   DX, YES
DISP:     MOV  AH, 9
           INT   21H
           RET
MAIN      ENDP
CODE      ENDS
           END  START
```

图2.2 输入源程序界面

(2) 编译、汇编成目标文件。单击“编译”菜单中的“编译”功能,如图2.3所示,对源程序编译。

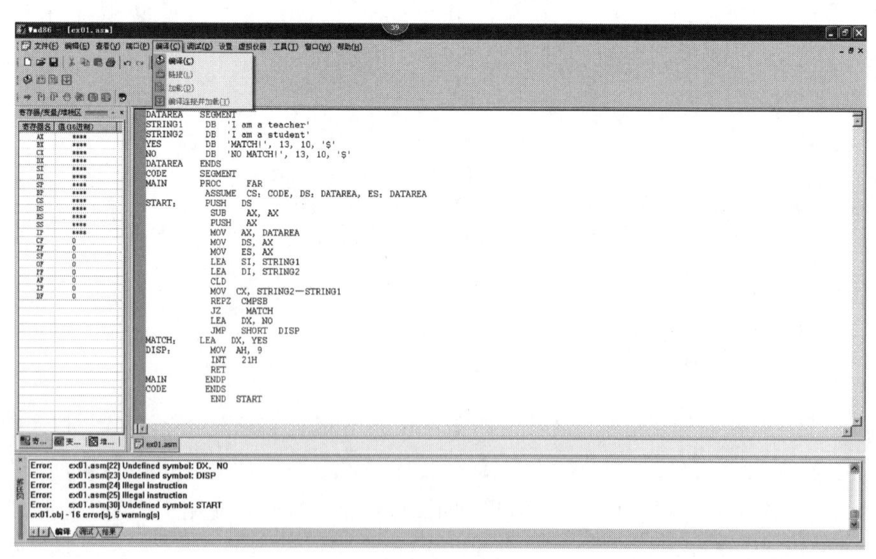

图2.3 源程序编译界面

如果文件有错误，编译未通过，则返回编辑窗口修改源文件，再编译，直到编译通过生成目标文件，如图 2.4 所示。

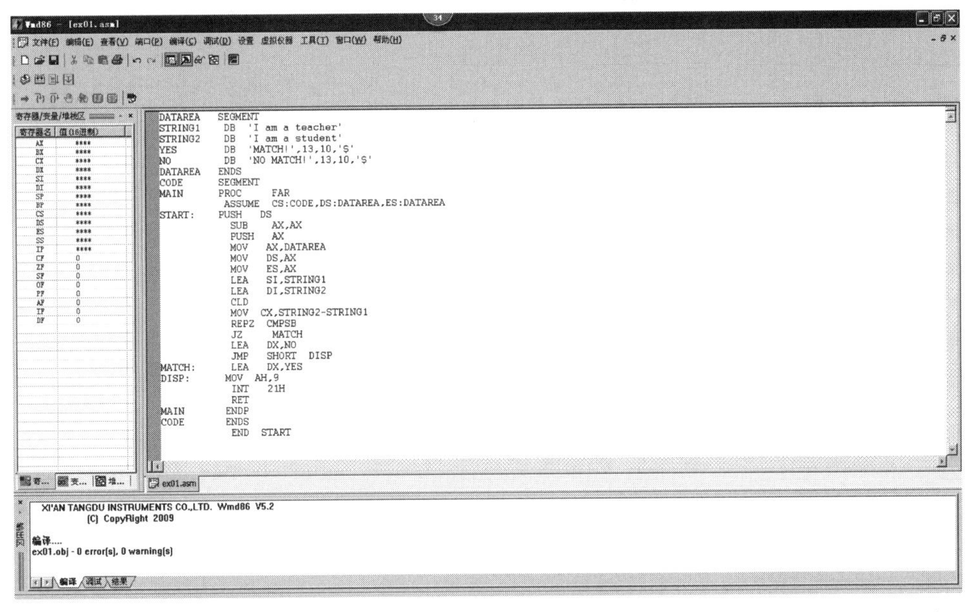

图 2.4　编译通过界面

(3) 连接，生成可执行文件。单击“编译”菜单中的“链接”功能，如图 2.5 所示，对目标程序进行连接，如图 2.6 所示。

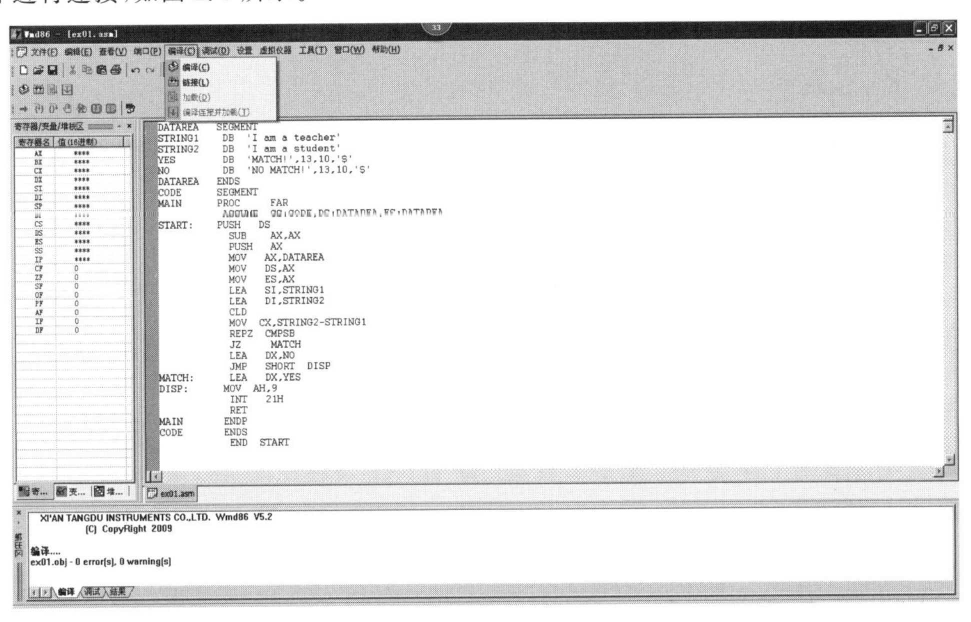

图 2.5　连接界面

(4) 加载。编译、连接都正确且上下位机通信成功后，就可以加载程序，联机调试，如图 2.7 所示。

(5) 调试。对加载的程序进行调试，可以通过“调试”菜单，也可以在“调试”窗口中运用

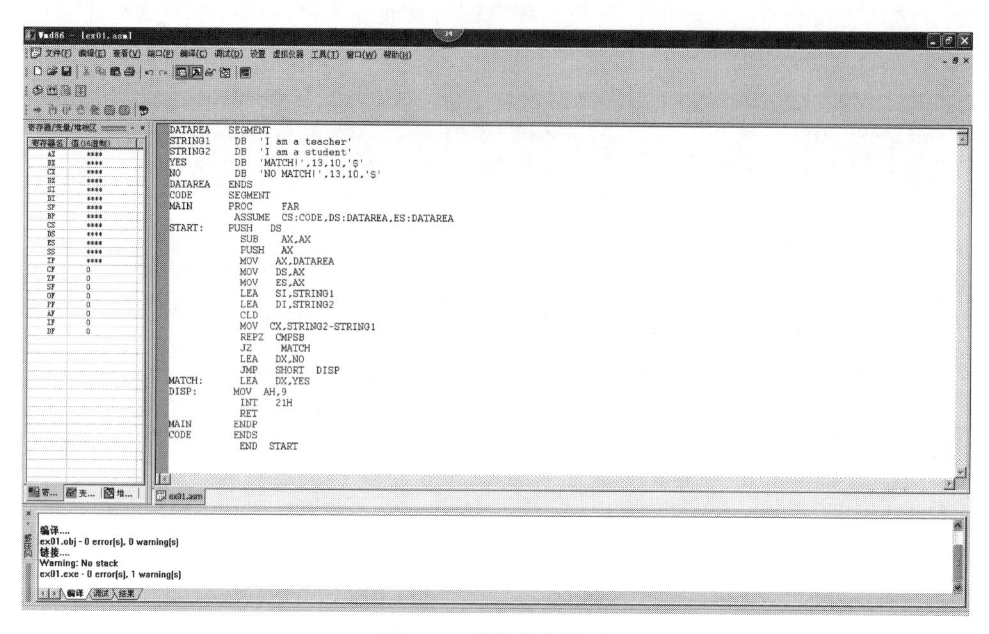

图 2.6　连接成功界面

```
Wmd86 - [ex01.asm]
文件(F) 编辑(E) 查看(V) 端口(P) 编译(C) 调试(D) 设置 虚拟仪器 工具(T) 窗口(W) 帮助(H)

寄存器/变量/堆栈区
寄存器名  值(16进制)
AX  ****
BX  ****
CX  ****
DX  ****
SI  ****
DI  ****
SP  ****
BP  ****
CS  0204
DS  ****
ES  ****
SS  ****
IP  0000
CF  0
ZF  0
SF  0
OF  0
PF  0
AF  0
IF  0
DF  0

DATAREA   SEGMENT
STRING1    DB  'I am a teacher'
STRING2    DB  'I am a student'
YES        DB  'MATCH!',13,10,'$'
NO         DB  'NO MATCH!',13,10,'$'
DATAREA   ENDS
CODE      SEGMENT
MAIN      PROC     FAR
           ASSUME   CS:CODE,DS:DATAREA,ES:DATAREA
START:    PUSH   DS
            SUB     AX,AX
            PUSH    AX
            MOV    AX,DATAREA
            MOV    DS,AX
            MOV    ES,AX
            LEA    SI,STRING1
            LEA    DI,STRING2
            CLD
            MOV   CX,STRING2-STRING1
            REPZ  CMPSB
            JZ     MATCH
            LEA    DX,NO
            JMP    SHORT  DISP
MATCH:   LEA    DX,YES
DISP:      MOV  AH,9
            INT    21H
            RET
MAIN       ENDP
CODE       ENDS
            END  START

ex01.asm

加载成功!
编译 调试 结果
```

图 2.7　程序加载成功界面

DEBUG 命令调试,如图 2.8～图 2.10 所示。

(6) 运行。可以直接运行加载的程序,如图 2.11 所示。

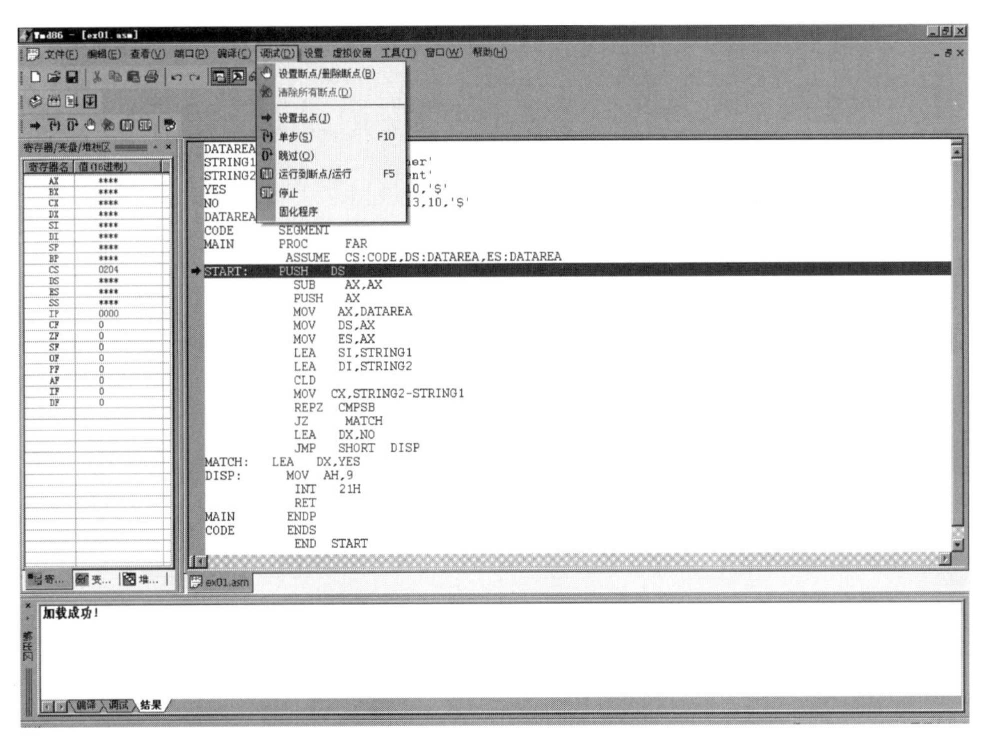

图 2.8 “调试”菜单界面

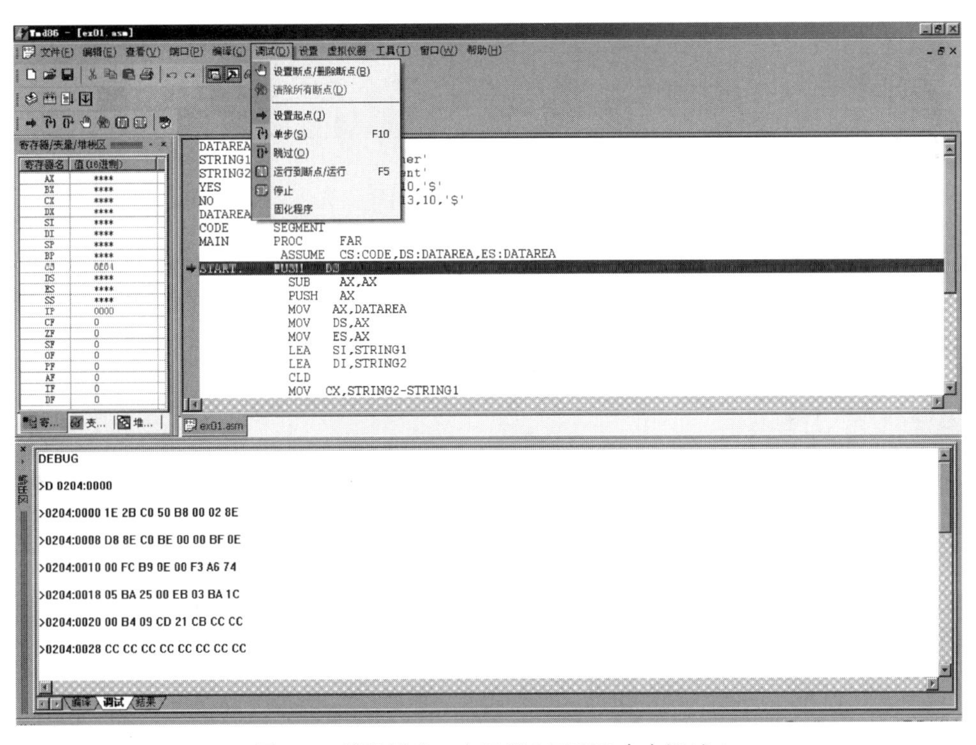

图 2.9 “调试”窗口中运用 DEBUG 命令调试 1

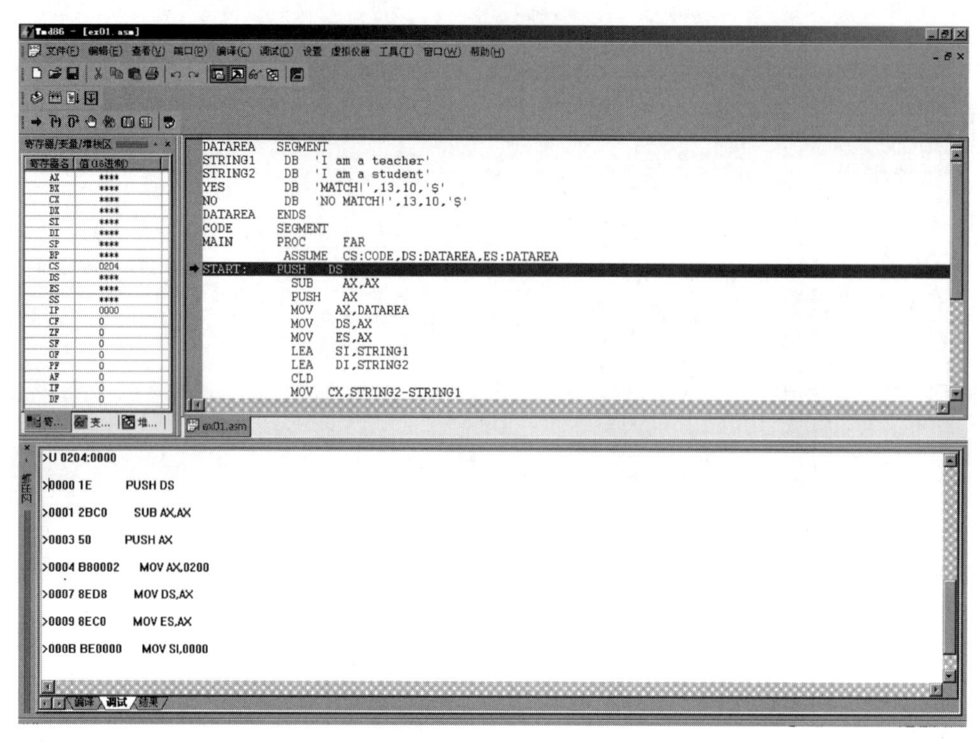

图 2.10 “调试”窗口中运用 DEBUG 命令调试 2

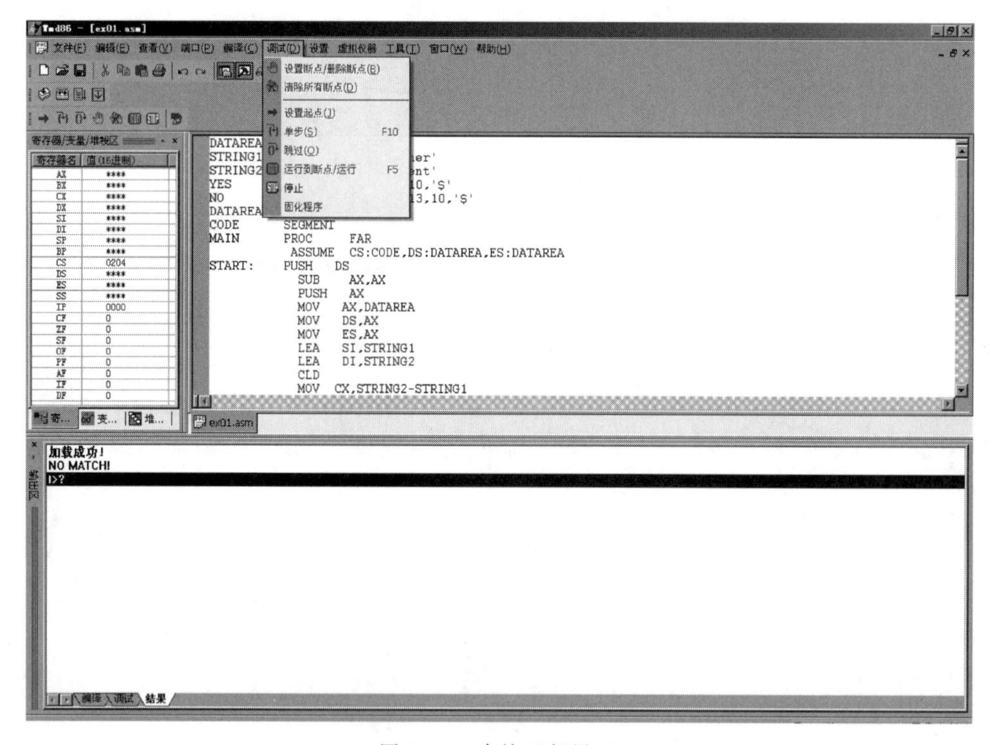

图 2.11 直接运行界面

2.2 汇编语言程序设计实验

2.2.1 程序调试实验

1. 实验目的

(1) 熟悉在 PC 上建立、汇编、连接 8086 汇编语言程序的过程及操作步骤。

(2) 初步掌握 DEBUG 程序的功能，运用 DEBUG 调试较简单的程序。

2. 实验设备

PC 一台，且 PC 中已安装了 Wmd86 V5.2 软件。

3. 实验步骤

(1) 开启 PC。

(2) 在 PC 上运行 Wmd86 V5.2 软件，运用"文件"菜单中"新建文件"功能编写源程序，建立 ASM 文件。

例：编写一个程序，要求比较字符串 STRING1 和 STRING2 所含字符是否相同，若相同则显示"MATCH!"，若不同则显示"NO MATCH!"。

在 Wmd86 V5.2 软件中建立以 EX01.ASM 为文件名的源文件，如下所示。

```
DATAREA   SEGMENT
STRING1   DB   'I am a teacher'
STRING2   DB   'I am a student'
YES       DB   'MATCH!',13,10,'$'
NO        DB   'NO MATCH!',13,10,'$'
DATAREA   ENDS
CODE      SEGMENT
MAIN      PROC      FAR
          ASSUME    CS:CODE,DS:DATAREA,ES:DATAREA
START:    PUSH      DS
          SUB       AX,AX
          PUSH      AX
          MOV       AX,DATAREA
          MOV       DS,AX
          MOV       ES,AX
          LEA       SI,STRING1
          LEA       DI,STRING2
          CLD
          MOV       CX,STRING2 - STRING1
          REPZ      CMPSB
          JZ        MATCH
          LEA       DX,NO
          JMP       SHORT  DISP
MATCH:    LEA       DX,YES
DISP:     MOV       AH,9
          INT       21H
          RET
MAIN      ENDP
CODE      ENDS
          END       START
```

(3) 运用 Wmd86 V5.2 软件的"编译"菜单中的"编译"功能,编译当前活动文档中的源程序 EX01.ASM,在源文件目录下生成目标文件 EX01.OBJ。

(4) 使用连接程序(LINK)把 OBJ 文件转换为可执行的 EXE 文件。运用 Wmd86 V5.2 软件的"编译"菜单中的"链接"功能,连接编译生成的目标文件,在源文件目录下生成可执行的 EXE 文件。

(5) 运用 Wmd86 V5.2 软件的"编译"菜单中的"加载"功能,把连接生成的可执行文件加载到下位机,运用"调试"菜单执行程序。

(6) 运用 Wmd86 V5.2 软件的"编译"菜单中的"加载"功能加载后,在输出区单击"调试",运行 DEBUG 程序来调试 EX01.EXE 文件。

4. 思考题

通过在 PC 上建立、汇编、连接、调试程序,回答如下问题。

(1) 存储器数据段中数据是如何存放的?

(2) 最后的标志位 OF、SF、ZF、AF、PF、CF 的值是什么?

2.2.2 顺序程序设计

1. 实验目的

(1) 掌握 8086 CPU 的指令系统,会用各种指令编写程序。

(2) 掌握顺序程序和查表程序设计的一般方法。

(3) 掌握用 DEBUG 调试程序的方法。

2. 实验内容

(1) 设 a、b、c、d 为 4 个无符号常数,完成运算算式(a－b－c)/16×24＋d,不考虑运算中的溢出问题,指出结果存放在何处?

(2) 求立方值。要求从键盘上输入 0～9 中任一个自然数,求其立方值。

3. 实验步骤

(1) 将编好的程序输入微机。

(2) 调试并运行程序,检查结果是否正确;若达不到程序设计要求,则修改程序,直至满足要求。

(3) 记录数据及结果,并分析编程中存在的问题及解决方法。

4. 参考程序

(1) 完成运算算式(a－b－c)/16×24＋d,不考虑运算中的溢出问题,a、b、c、d 的具体数值由用户在调试时指定。

参考程序如下。

```
DATA        SEGMENT
DA1         DW   a
DA2         DW   b
DA3         DW   c
DA4         DW   d
DA5         DW   2  DUP (?)
DA6         DW   24
DATA        ENDS
STACK1      SEGMENT   STACK
```

```
            DW   200   DUP(?)
STACK1      ENDS
PROGRAM     SEGMENT
            ASSUME  CS:PROGRAM,DS:DATA,SS:STACK1
START:      MOV     AX,DATA
            MOV     DS,AX
            MOV     AX,DA1
            SUB     AX,DA2
            SUB     AX,DA3
            MOV     CL,4
            SHR     AX,CL
            MOV     CX,DA6
            MUL     CX
            ADD     AX,DA4
            ADC     DX,0
            MOV     DA5,AX
            MOV     DA5 + 2,DX
            MOV     AH,4CH
            INT     21H
PROGRAM     ENDS
            END     START
```

(2) 求一个数的立方值可以用乘法运算实现,也可以造一个立方表,运行时用查表法实现。在数据段定义两个变量:字节变量X中存放输入的自然数,字变量XXX中存放该数的立方值;同时定义首地址为TAB的立方表,如表2.1所示。从表的结构可知,X的立方值在表中的存放地址与X的关系是:(TAB+2 * X)=X^3。用1号调用从键盘得到数字的ASCII码值,将其转换为真值,然后用上述关系式求立方值,并将立方值的十六进制数转换为对应的十进制数,用2号调用,在显示器上显示出来。

表2.1　立方表

TAB	0的立方值
	1的立方值
	2的立方值
	⋮
	9的立方值

参考程序如下。

```
DATA        SEGMENT
INPUT       DB   'PLEASE INPUT X(0～9): $ '
RESULT      DB   'THE RESULT IS  $ '
TAB         DW   0,1,8,27,64,125,216,343,512,729
X           DB   ?
XXX         DW   ?
DATA        ENDS
PROGRAM     SEGMENT
MAIN        PROC     FAR
            ASSUME   CS:PROGRAM, DS:DATA
START:      PUSH     DS
            SUB      AX,AX
            PUSH     AX
            MOV      AX,DATA
```

```
        MOV     DS,AX
        MOV     DX,OFFSET INPUT
        MOV     AH,9
        INT     21H
        MOV     AH,1
        INT     21H
        AND     AL,0FH
        MOV     X,AL
        ADD     AL,AL
        MOV     BL,AL
        MOV     BH,0
        MOV     AX,TAB[BX]
        MOV     XXX,AX
        MOV     DX,OFFSET RESULT
        MOV     AH,9
        INT     21H
        MOV     AX,XXX
        MOV     BL,100
        DIV     BL
        ADD     AL,30H
        MOV     DL,AL
        MOV     CL,AH
        MOV     AH,2
        INT     21H
        MOV     AL,CL
        MOV     AH,0
        MOV     BL,10
        DIV     BL
        ADD     AL,30H
        MOV     DL,AL
        MOV     CL,AH
        MOV     AH,2
        INT     21H
        MOV     DL,CL
        ADD     DL,30H
        MOV     AH,2
        INT     21H
        RET
MAIN    ENDP
PROGRAM ENDS
        END     START
```

5. 思考题

参考程序(1)中 SHR　AX,CL 作用是什么?

2.2.3　分支和循环程序设计

1. 实验目的

(1) 掌握分支程序和循环程序设计的一般方法。

(2) 能熟练运用转移指令实现分支。

(3) 能熟练运用转移指令和循环指令实现循环;掌握循环计数器 CX 的使用方法。

2. 实验内容

(1) 对从键盘中输入的字符进行区分,若输入的是小写字母,则应转换为大写字母输出；其他字符原样输出。

(2) 二进制数转换为十六进制数,并把 BX 寄存器内的二进制数用十六进制的形式在屏幕上显示出来。

3. 实验步骤

与顺序程序设计实验步骤相同。

4. 参考程序

(1) 用分支程序结构来设计。首先要判断输入的字符是否是小写字母,若是,则要转换,否则不转换。小写字母和大写字母的 ASCII 码相差 20H,把小写字母的 ASCII 码减 20H 就转换为大写字母的 ASCII 码值,用 2 号 DOS 功能调用输出该字符。

参考程序如下。

```
PROGRAM     SEGMENT
MAIN        PROC     FAR
            ASSUME   CS:PROGRAM
START:      PUSH     DS
            SUB       AX,AX
            PUSH      AX
            MOV      AH,1
            INT        21H
            CMP      AL,'a'
            JB         STOP
            CMP      AL,'z'
            JA         STOP
            SUB      AL,20H
STOP:       MOV      DL,AL
            MOV      AH,2
            INT      21H
            RET
MAIN        ENDP
PROGRAM     ENDS
            END  START
```

(2) 用循环程序结构来设计。把 BX 的内容从左到右每 4 位为一组在屏幕上显示出来。每次循环显示一个十六进制数,BX 为 16 位,要循环 4 次。循环体中应包括从二进制数到所显示字符的 ASCII 码之间的转换以及每个字符的显示,后者可以用 DOS 功能调用实现。可用循环移位的方法把要显示的 4 位二进制数移到最右边,进行数字到字符的转换。十六进制数用 0～9、A～F 表示,所以,如果数字大于 9,则应该转换为 A～F 的字母,ASCII 码值需要加 07H。

参考程序如下。

```
PROGRAM SEGMENT
MAIN      PROC     FAR
          ASSUME   CS:PROGRAM
START:    PUSH     DS
          SUB      AX,AX
          PUSH     AX
          MOV      CH,4                       ;设置循环次数
ROTATE:   MOV      CL,4                       ;每次移位 4 位
          ROL      BX,CL                      ;把 BX 的高 4 位移到最右边
```

```
            MOV     AL,BL
            AND     AL,0FH              ;利用 AL 得到 BX 的高 4 位
            ADD     AL,30H              ;转换为 ASCII 码
            CMP     AL,3AH
            JL      OUTIT               ;若是 0～9 的 ASCII 码,则转到输出
            ADD     AL,07H
OUTIT:      MOV     DL,AL               ;输出十六进制数
            MOV     AH,2
            INT     21H
            DEC     CH                  ;循环
            JNZ     ROTATE
            RET
MAIN        ENDP
PROGRAM     ENDS
            END     START
```

5. 思考题

(1) 如何实现多分支结构?

(2) 实验内容(2)中若采用 LOOP 语句该如何实现?

2.2.4 子程序设计

1. 实验目的

(1) 掌握子程序的设计思想和方法。

(2) 能熟练运用过程的思想构造程序模块。

(3) 熟练掌握子程序指令。

2. 实验内容

(1) 统计某个数组中负元素的个数。有两个字数组 BUFA 和 BUFB,统计各数组中负元素的个数,放入字节单元 A、B 中。统计数组中负元素的个数用子程序实现。

(2) 编写计算 $N!(N\geqslant 0)$的程序。

$$N!=N\times(N-1)\times(N-2)\times\cdots\times 1$$

其递归定义如下。

$$0!=1$$

$$N!=N\times(N-1)!\ (N>0)$$

3. 实验步骤

与顺序程序设计实验相同。

4. 程序清单

(1) 两个数组要统计其中负元素个数,可以采用子程序结构实现,每个数组的操作都只要调用一次子程序就行,每次调用计数值都要清 0,否则会出错。可以采用寄存器在主程序和子程序之间传递参数。子程序的参数如下:

入口参数: SI,数组首地址; CX,数组中负元素的个数; AX,存放当前处理的数。

参考程序如下。

```
DATA        SEGMENT
BUFA        DW      23,-155,23,40,-8,-45,9
NA          DW      ($-BUFA)/2
```

```
BUFB       DW     73, -10, -130, -231, -4,56, -15
NB         DW     ($ - BUFB)/2
A          DB     ?
B          DB     ?
DATA       ENDS
PROGRAM    SEGMENT
MAIN       PROC   FAR
           ASSUME CS: PROGRAM, DS: DATA
START:     PUSH   DS
           SUB    AX, AX
           PUSH   AX
           MOV    AX, DATA
           MOV    DS, AX
           LEA    SI, BUFA
           MOV    CX, NA
           CALL   STK
           MOV    A, DL
           LEA    SI, BUFB
           MOV    CX, NB
           CALL   STK
           MOV    B, DL
           RET
MAIN       ENDP
STK        PROC   NEAR
           PUSH   AX
           MOV    DL, 0
LOP:       MOV    AX, [SI]
           CMP    AX, 0
           JNL    NEXT
           INC    DL
NEXT:      ADD    SI, 2
           LOOP   LOP
           POP    AX
           RET
STK        ENDP
PROGRAM    ENDS
           END    START
```

(2) 一个子程序中也可以调用另一个子程序，这称为子程序嵌套。如果子程序调用的子程序就是它自身，称为递归调用。

本题可用递归定义来设计程序。$N!$ 本身是一个子程序，根据上面的公式可知，为了求 $(N-1)!$，要递归调用求 $N!$ 的子程序。为了保证每次调用都不破坏以前调用时所用到的参数和中间结果，用堆栈保存调用的参数和中间结果。

```
DATA       SEGMENT
N_V          DW       ?                        ;保存要求的 N!的 N
RELT         DW       ?                        ;保存 N!的结果
DATA         ENDS
STACK        SEGMENT  STACK
             DW       128 DUP (?)
TOS          LABEL    WORD
STACK        ENDS
CODE1        SEGMENT
MAIN         PROC     FAR
```

```
          ASSUME    DS: DATA,CS: CODE1,SS: STACK
START:    MOV       AX,STACK                    ;设置堆栈段和堆栈指针 SP
          MOV       SS,AX
          MOV       SP,OFFSET TOS
          PUSH      DS
          SUB       AX,AX
          PUSH      AX
          MOV       AX,DATA
          MOV       DS,AX
          MOV       BX,OFFSET RELT              ;入栈保存 RELT 的地址
          PUSH      BX
          MOV       BX,N_V                      ;入栈保存 N 的值
          PUSH      BX
          CALL      FAR PTR FACT                ;调用求阶乘子程序,段间调用
          RET
MAIN      ENDP
CODE1     ENDS
CODE      SEGMENT
FRAME     STRUC                                 ;定义一个数据结构
SAVEBP    DW        ?                           ;存放 BP
SAVECSIP  DW        2 DUP (?)                   ;存放 CS,IP
N         DW        ?                           ;存放 N!中的 N
RLT       DW        ?                           ;存放 N!的结果的地址
FRAME     ENDS
          ASSUME    CS: CODE
FACT      PROC      FAR                         ;定义子程序 FACT,求 N!
          PUSH      BP                          ;保护现场,BP 入栈
          MOV       BP,SP                       ;使 BP 指向 FRAME
          PUSH      BX
          PUSH      AX
          MOV       BX,[BP].RLT                 ;把保存结果的地址送入 BX
          MOV       AX,[BP].N                   ;N 送入 AX
          CMP       AX,0                        ;判断 N = 0
          JE        DONE
          PUSH      BX                          ;为下一次调用做准备: RLT 地址入栈
          DEC       AX                          ;求(N-1)!,先保存(N-1)
          PUSH      AX
          CALL      FAR PTR FACT                ;递归调用
          MOV       BX,[BP].RLT
          MOV       AX,[BX]                     ;(AX) = N * RLT
          MUL       [BP].N
          JMP       SHORT  RETURN
DONE:     MOV       AX,1                        ;(AX) = 1
RETURN:   MOV       [BX],AX                     ;RLT = (AX)
          POP       AX
          POP       BX
          POP       BP
          RET       4                           ;返回
FACT      ENDP                                  ;子程序 FACT 结束
CODE      ENDS
          END       START
```

5. 思考题

实验内容(2)中堆栈进栈的情况如何? 进栈后 SP 应为多少?

第3章 硬件实验

3.1 简单并行接口

1. 实验目的

掌握简单并行接口的工作原理及使用方法。

2. 基础实验

(1) 实验内容。

① 按图 3.1 所示的简单并行输出接口电路连接线路，74LS273 为八 D 触发器，8 个 D 输入端分别接数据总线 $D_7 \sim D_0$，8 个 Q 输出端接 LED 显示电路 $L_7 \sim L_0$。

编程从键盘输入一个字符或数字，将其 ASCII 码通过输出接口输出，根据 8 个发光二极管发光情况验证正确性。

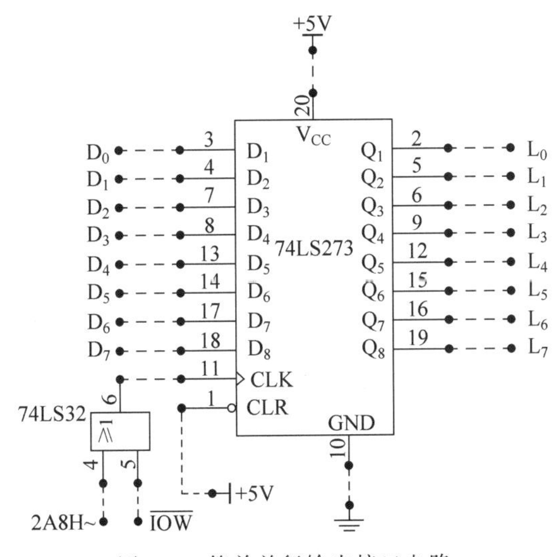

图 3.1 简单并行输出接口电路

② 按图 3.2 所示的简单并行输入接口电路连接线路，74LS244 为八输入缓冲器，8 个数据输入端分别接逻辑电平开关 $K_7 \sim K_0$，8 个数据输出端分别接 CPU 数据总线 $D_7 \sim D_0$。

用逻辑电平开关预置某个字母的 ASCII 码，编程输入这个 ASCII 码，并将其对应字母在屏幕上显示出来。

(2) 编程提示。

① 开关 $K_7 \sim K_0$ 向上拨到"1"位置时，开关断开，输出高电平；向下拨到"0"位置时，开关接通，输出低电平。

② LED显示电路 $L_7 \sim L_0$,当输入信号为"1"时发光,为"0"时熄灭。

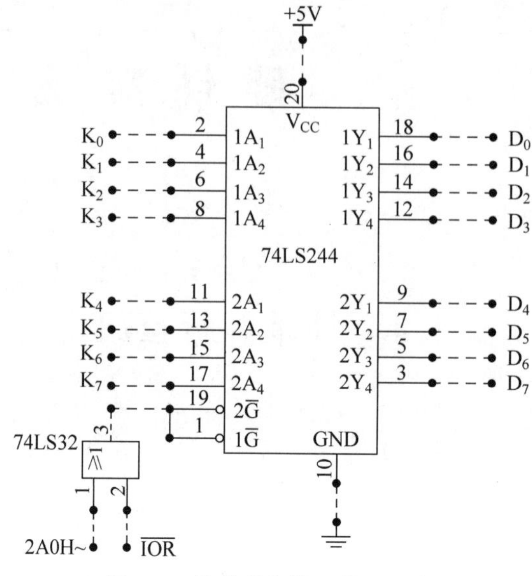

图3.2 简单并行输入接口电路

③ 设并行输出接口的地址为2A8H,并行输入接口的地址为2A0H,键盘输入字符的ASCII码存放在AL中,通过上述并行接口电路输出数据需要两条指令:

```
MOV   DX,2A8H
OUT   DX,AL
```

通过上述并行接口输入数据需要两条指令:

```
MOV   DX,2A0H
IN    AL,DX
```

(3) 参考流程。

参考流程如图3.3和图3.4所示。

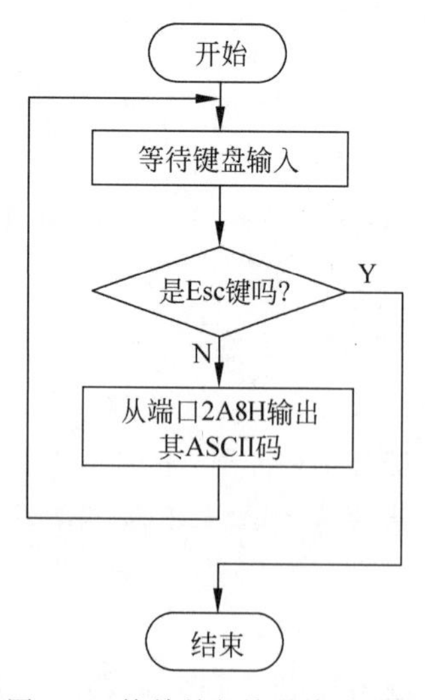

图3.3 简单并行输出接口流程

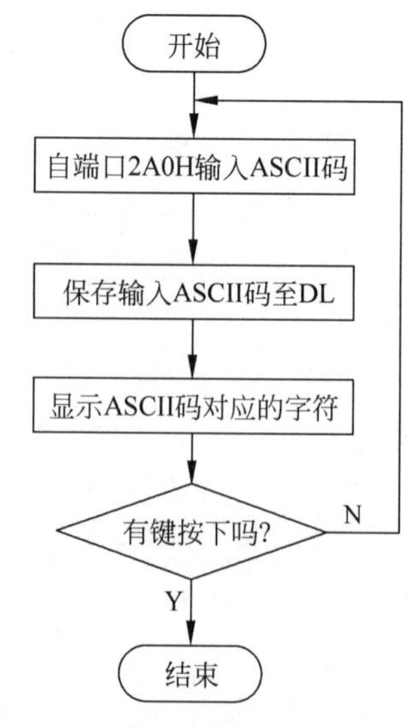

图3.4 简单并行输入接口流程

(4) 参考程序。

① 简单并行输出接口参考程序：

```
CODE        SEGMENT
            ASSUME  CS:CODE
START:      MOV     AH,2
            MOV     DL,0DH          ;回车符
            INT     21H
            MOV     AH,1            ;等待键盘输入
            INT     21H
            CMP     AL,27           ;判断是否为 Esc 键
            JE      EXIT            ;若是则退出
            MOV     DX,2A8H         ;若不是,则从 2A8H 输出其 ASCII 码
            OUT     DX,AL
            JMP     START
EXIT:       MOV     AH,4CH          ;返回 DOS
            INT     21H
CODE        ENDS
            END     START
```

② 简单并行输入接口参考程序：

```
CODE        SEGMENT
            ASSUME    CS:CODE
START:      MOV     DX,2A0H         ;从 2A0H 输入一数据
            IN      AL,DX
            MOV     DL,AL           ;将所读数据保存在 DL 中
            MOV     AH,02
            INT     21H
            MOV     DL,0DH          ;显示回车符
            INT     21H
            MOV     DL,0AH          ;显示换行符
            INT     21H
            MOV     AH,06           ;是否有键按下
            MOV     DL,0FFH
            INT     21H
            JNZ     EXIT
            JE      START           ;若无,则转 START
EXIT:       MOV     AH,4CH          ;返回 DOS
            INT     21H
CODE        ENDS
            END     START
```

3. 提高实验

(1) 实验内容。

如图 3.5 所示,利用电平开关 $K_7 \sim K_0$ 预置数值,通过 74LS244 读入该开关值,并通过 74LS273 将此数值输出到发光二极管 $L_7 \sim L_0$,控制其发光。

本实验要求开关闭合,对应的发光二极管点亮,通过发光二极管状态验证输入和输出的正确性。

(2) 编程提示。

先通过 IN 指令读入开关值,再通过 OUT 指令输出控制发光二极管。

(3) 参考流程。

参考流程如图 3.6 所示。

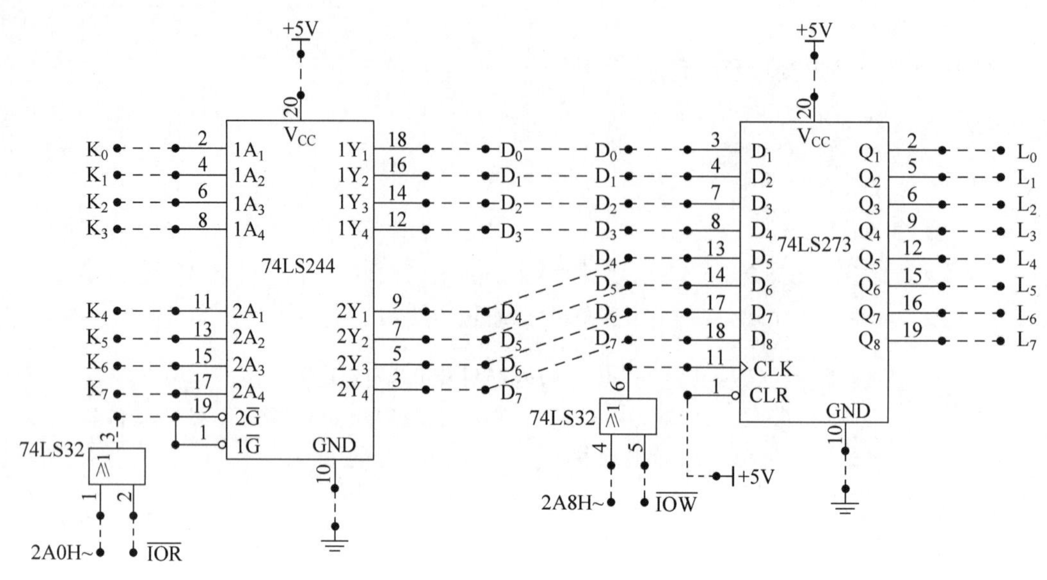

图 3.5　简单并行接口提高实验电路

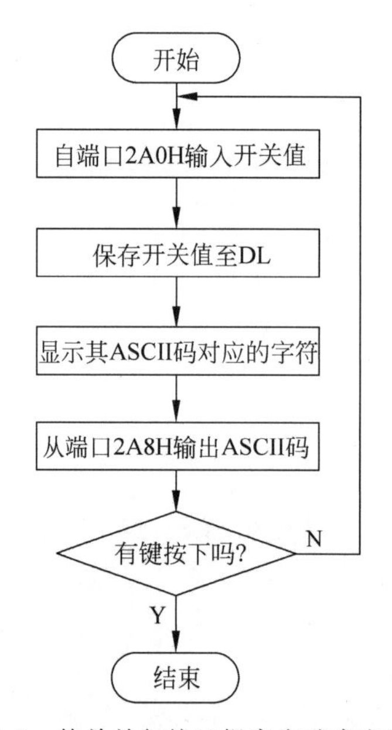

图 3.6　简单并行接口提高实验参考流程

4. 思考题

(1) 上述实验采用何种输入输出方式？能否用查询方式实现？

(2) 如果要求实现开关断开指示灯发亮，开关闭合指示灯熄灭，该如何处理？

(3) 图 3.5 中如果不使用 74LS32 芯片，能否实现输入输出功能？

3.2　可编程并行接口 8255A

1. 实验目的

掌握可编程并行接口 8255A 的工作原理及使用方法。

2. 基础实验

（1）实验内容。

① 基本输入输出实验。编写程序，使 8255A 的 A 端口为输出，C 端口为输入，完成拨动开关到数据灯的数据传输。要求只要开关拨动，数据灯的显示就发生相应改变。

② 流水灯显示实验。编写程序，使 8255A 的 A 端口和 C 端口均为输出，数据灯 L_7～L_0 由左向右，每次仅亮一个灯，循环显示；L_{15}～L_8 与 L_7～L_0 方向相反，由右向左，每次仅点亮一个灯，循环显示。

（2）编程提示。

① 基本输入输出实验，电路示意如图 3.7 所示，8255A 的 C 端口接逻辑电平开关 K_7～K_0，A 端口接发光二极管 L_7～L_0。编程从 8255A 的 C 端口读入开关量，再从 A 端口输出，控制发光二极管发光。通过发光二极管和开关的状态验证输入和输出的正确性。

② 8255A 设为方式 0，A 端口为输出方式，C 端口为输入方式；A 端口地址设为 288H，C 端口地址设为 28AH，控制口地址为 28BH。

③ 流水灯显示实验，用户自己设计实验接线图，并编写程序。8255A 设为方式 0，A 端口、C 端口均为输出方式，A 端口控制 L_7～L_0，C 端口控制 L_{15}～L_8。

（3）参考流程。

基本输入输出实验参考流程如图 3.8 所示。

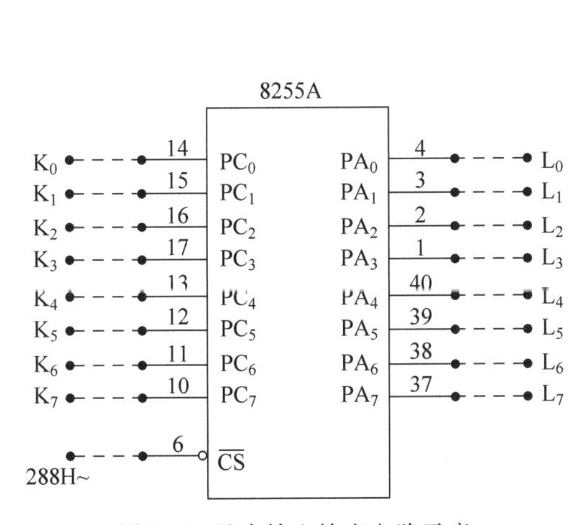

图 3.7 基本输入输出电路示意

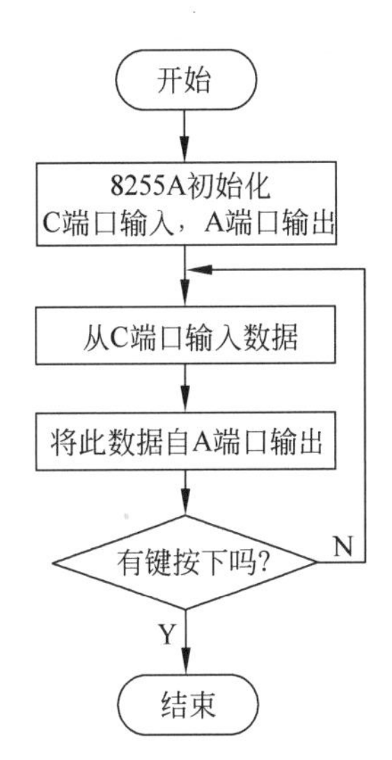

图 3.8 基本输入输出实验参考流程

（4）参考程序（基本输入输出实验）。

```
CODE    SEGMENT
        ASSUME    CS:CODE
START:  MOV       DX,28BH           ;设 8255A 的方式为 C 端口输入,A 端口输出
        MOV       AL,8BH
        OUT       DX,AL
INOUT:  MOV       DX,28AH           ;从 C 端口输入一数据
        IN        AL,DX
        MOV       DX,288H           ;从 A 端口输出刚才自 C 端口输入的数据
        OUT       DX,AL
        MOV       DL,0FFH           ;判断是否有键按下
```

```
        MOV     AH,06H
        INT     21H
        JZ      INOUT                ;若无,则继续自C端口输入,A端口输出
        MOV     AH,4CH               ;否则返回DOS
        INT     21H
CODE    ENDS
        END     START
```

3. 提高实验

(1) 实验内容。

如图3.9所示,L_7、L_6、L_5 作为南北路口的交通灯与 PC_7、PC_6、PC_5 相连,L_2、L_1、L_0 作为东西路口的交通灯与 PC_2、PC_1、PC_0 相连,编程实现6个指示灯按交通灯变化规律亮与灭。

(2) 编程提示。

设置8255A的C端口为输出方式,十字路口交通灯的变化规律要求如下。

① 南北路口的绿灯、东西路口的红灯同时亮30s左右;

② 南北路口的黄灯闪烁若干次,同时东西路口的红灯继续亮;

③ 南北路口的红灯、东西路口的绿灯同时亮30s左右;

④ 南北路口的红灯继续亮,同时东西路口的黄灯亮闪烁若干次;

⑤ 转①。

(3) 参考流程。

参考流程如图3.10所示。

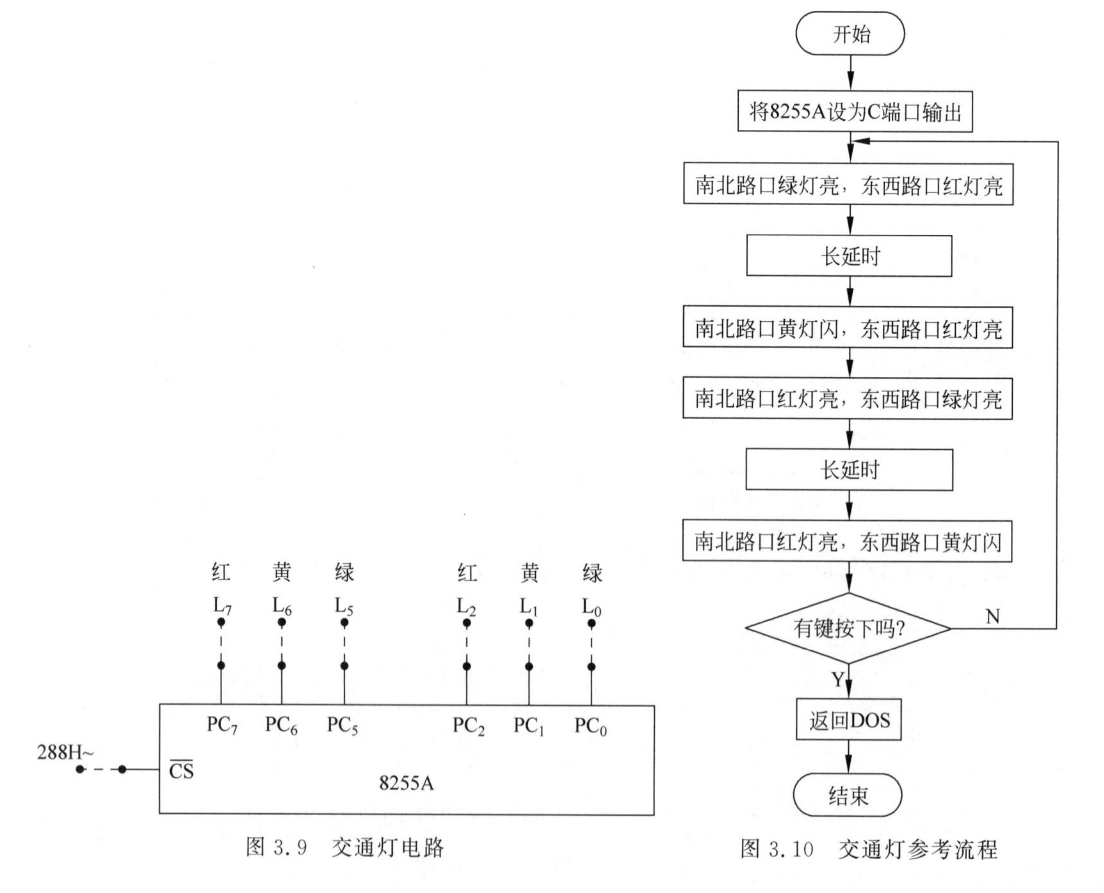

图3.9　交通灯电路　　图3.10　交通灯参考流程

4. 思考题

(1) 基础实验中,把流水灯改为指示灯间隔发亮,如何编程?

(2) 提高实验中,通过C端口输出和通过A端口输出有何区别?哪种方法更优?

3.3 可编程计数器/定时器

1. 实验目的

掌握8253的基本工作原理和编程方法。

2. 基础实验

(1) 实验内容。

① 实现一个计数器。按图3.11所示连接电路,将计数器0设置为方式0,计数器初值为$N(N\leqslant 0FH)$,手动逐个输入单脉冲模拟计数。每按一次开关,从两个插座上分别输出一个正脉冲和负脉冲。编程在屏幕上显示计数值,并同时用逻辑笔观察OUT_0的电平变化(当输入$N+1$个脉冲后OUT_0变为低电平)。

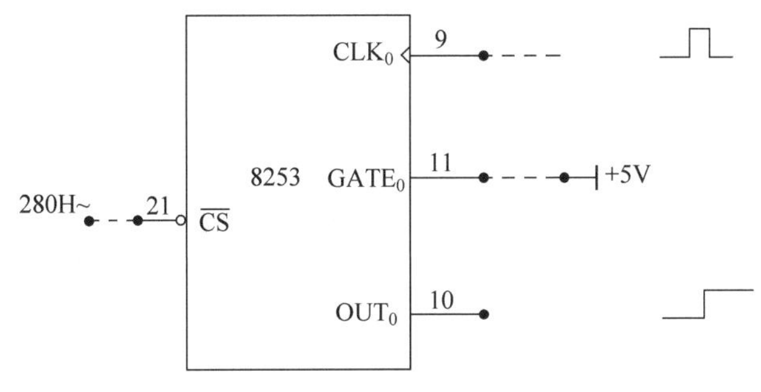

图3.11 计数器电路

② 实现一个定时器。按图3.12所示连接电路,将计数器0、计数器1设置为方式3,计数初值设为1000,计数频率为1MHz,OUT_1输出1s的方波。用逻辑笔观察OUT_1输出电平的变化。

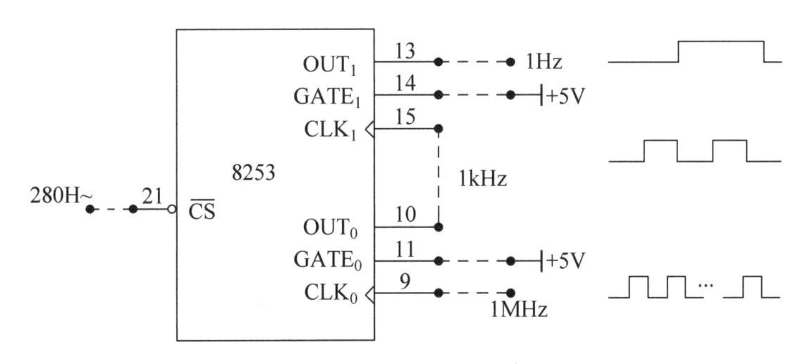

图3.12 定时器电路

(2) 编程提示。

8253控制寄存器地址: 283H。

计数器0地址: 280H。

计数器1地址: 281H。

计数器实验中,通道0设为方式0,读取计数值之前需向计数器发锁存命令。定时器实验中,采用通道0和通道1相级联的方法。

(3) 参考流程。

计数器参考流程如图3.13所示,定时器参考流程如图3.14所示。

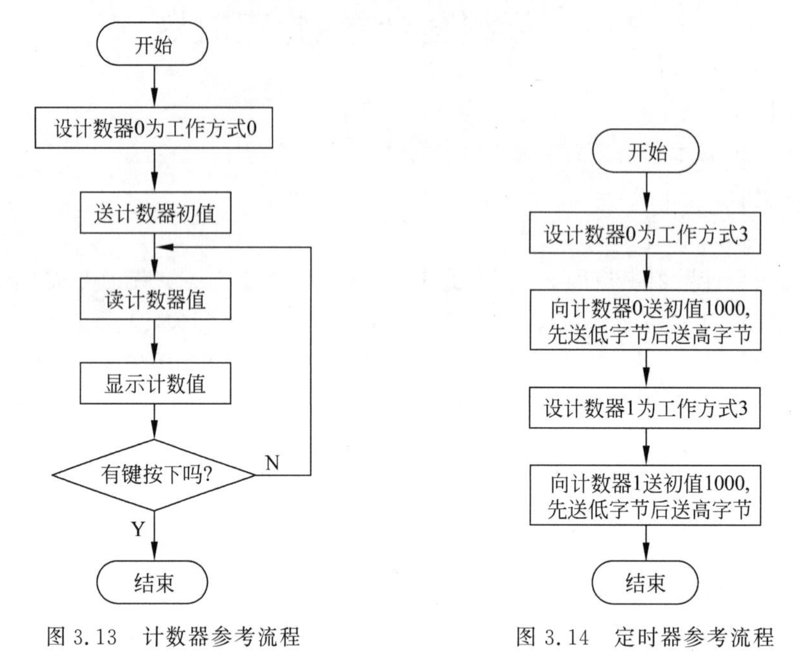

图3.13 计数器参考流程　　图3.14 定时器参考流程

(4) 参考程序。

① 计数器参考程序如下。

```
CODE    SEGMENT
        ASSUME    CS: CODE
START:  MOV       AL,14H          ;设置 8253 通道 0 为工作方式 2,二进制计数
        MOV       DX,283H
        OUT       DX,AL
        MOV       DX,280H         ;送计数初值为 0FH
        MOV       AL,0FH
        OUT       DX,AL
LLL:    IN        AL,DX           ;读计数初值
        CALL      DISP            ;调用显示子程序
        PUSH      DX
        MOV       AH,06H
        MOV       DL,0FFH
        INT       21H
        POP       DX
        JZ        LLL
        MOV       AH,4CH          ;返回 DOS
        INT       21H
DISP    PROC      NEAR            ;显示子程序
        PUSH      DX
        AND       AL,0FH          ;首先取低 4 位
```

```
        MOV     DL,AL
        CMP     DL,9            ;判断是否<=9
        JLE     NUM             ;若是则为'0'～'9',ASCII码加30H
        ADD     DL,7            ;否则为'A'～'F',ASCII码加37H
NUM:    ADD     DL,30H
        MOV     AH,02H          ;显示字符
        INT     21H
        MOV     DL,0DH          ;回车
        INT     21H
        MOV     DL,0AH          ;换行
        INT     21H
        POP     DX
        RET                     ;子程序返回
DISP    ENDP
CODE    ENDS
        END     START
```

② 定时器参考程序如下。

```
CODE    SEGMENT
        ASSUME  CS: CODE
START:  MOV     DX,283H         ;向8253写控制字
        MOV     AL,36H          ;设8253计数器0为工作方式3
        OUT     DX,AL
        MOV     AX,1000         ;写入计数初值1000
        MOV     DX,280H
        OUT     DX,AL           ;先写入低字节
        MOV     AL,AH
        OUT     DX,AL           ;后写入高字节
        MOV     DX,283H
        MOV     AL,76H          ;设8253计数器1为工作方式2
        OUT     DX,AL
        MOV     AX,1000         ;写入计数初值1000
        MOV     DX,281H
        OUT     DX,AL           ;先写低字节
        MOV     AL,AH
        OUT     DX,AL           ;后写高字节
        MOV     AH,4CH          ;返回DOS
        INT     21H
CODE    ENDS
        END     START
```

3. 提高实验

(1) 实验内容。

利用微机控制直流继电器。实验电路如图3.15所示，CLK_0 接1MHz，$GATE_0$、$GATE_1$ 接+5V，OUT_0 接 CLK_1，OUT_1 接 PA_0，PC_0 接继电器驱动电路的开关输入端 I_K，继电器输出插头接实验盒上的继电器插头。编程使用8253定时，让继电器周而复始地闭合5s，指示灯亮；断开5s，指示灯灭。

(2) 编程提示。

将8253计数器0设置为方式3、计数器1设置为方式0，两者串联使用。CLK_0 接

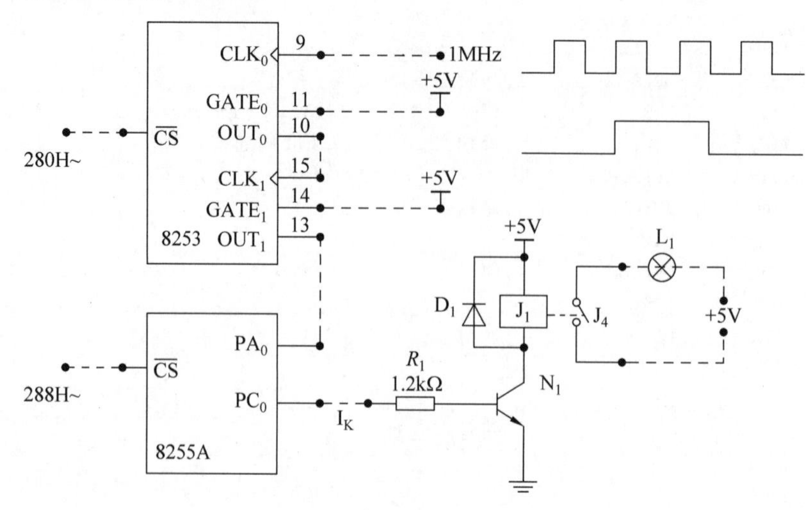

图 3.15　定时器提高实验电路

1MHz 时钟,设置两个计数器的初值(乘积为 5 000 000),启动计数器工作后,经过 5s OUT_1 输出高电平。通过 8255A 的 PA_0 查询 OUT_1 的输出电平,用 PC_0 输出控制继电器动作。继电器开关量输入"1"时,继电器常开触点闭合,电路接通,指示灯亮;输入"0"时继电器触点断开,指示灯熄灭。

(3) 参考流程。

参考流程如图 3.16 所示。

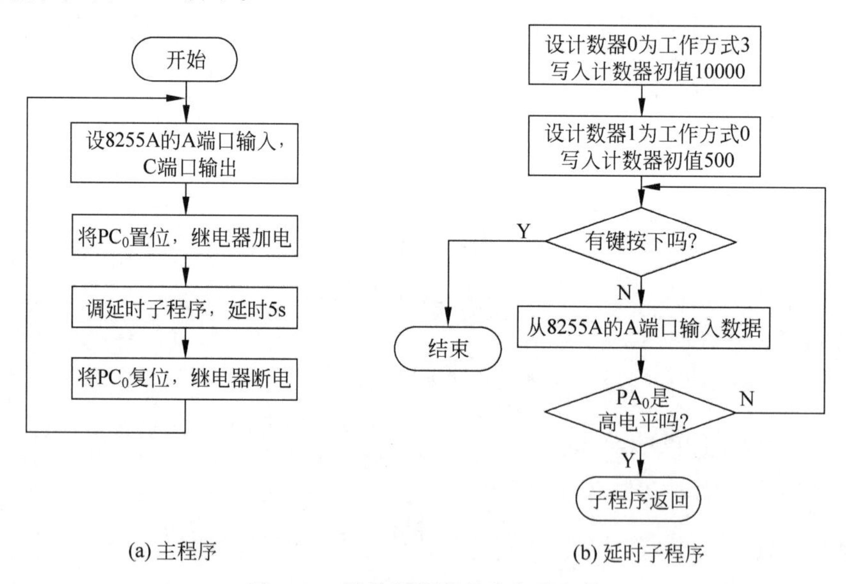

图 3.16　计数器提高实验参考流程

4. 思考题

(1) 基础实验中的计数器实验,如何使计数器重新开始计数?

(2) 基础实验中的定时器实验,计数器 0、1 能否设置为方式 2? 与方式 3 相比,OUT_1 输出电平有何变化?

(3) 提高实验中采用了查询方式,能否采用中断方式实现? 编写主程序和中断服务程序。

3.4 中　断

1. 实验目的

(1) 掌握 PC 中断处理系统的基本原理。

(2) 掌握 8259A 中断控制器的工作原理。

(3) 掌握 8259A 的应用编程方法。

2. 基础实验

(1) 实验内容。

PC 用户可使用的硬件中断只有可屏蔽中断，由 8259A 中断控制器管理。中断控制器用于接收外部的中断请求信号，经过优先级判别等处理后向 CPU 发出可屏蔽中断请求。IBM-PC、PC/XT 内有一片 8259A 中断控制器对外提供了 8 个中断源，如表 3.1 所示。

表 3.1　8259A 中断控制器对外提供的中断源

中断源	中断类型号	中断功能
IRQ_0	08H	时钟
IRQ_1	09H	键盘
IRQ_2	0AH	保留
IRQ_3	0BH	串行口 2
IRQ_4	0CH	串行口 1
IRQ_5	0DH	硬盘
IRQ_6	0EH	软盘
IRQ_7	0FH	并行打印机

8 个中断源的中断请求信号线 IRQ_0 ～IRQ_7 在主机的插座中引出，假设系统已设定中断请求信号为“边沿触发”，普通结束方式。对于 286 以上的微机系统又扩展了一片 8259A 中断控制器，IRQ_2 用于两片 8259A 之间级联，考虑仪器通用性，一般在仪器接口卡上设有一个跳线开关，选择 IRQ_2、IRQ_3、IRQ_4、IRQ_7 引到实验台上的 IRQ 插座上。

本实验直接以手动产生单脉冲作为中断请求信号，只需连接一根导线，即用总线的 IRQ 中断请求输入端与实验台的单脉冲直接相连。要求每按一次开关产生一次外部中断，在屏幕上显示一次“THIS IS A IRQ7 INTRUPT!”，中断 10 次后程序退出。

(2) 编程提示。

① PC 中断控制器 8259A 的地址设为 20H、21H，中断请求信号设置为 IRQ_7，编程时要根据中断类型号设置中断向量。

② 初始化时，8259A 的中断屏蔽寄存器 IMR 对应位要清 0，允许中断；中断结束返回 DOS 时，要将 IMR 对应位置 1，关闭中断。

③ 中断服务结束返回前要使用中断结束命令：

```
MOV  AL,20H
OUT  20H,AL
```

(3) 参考流程。

参考流程如图 3.17 所示。

(4) 参考程序。

```
DATA     SEGMENT
```

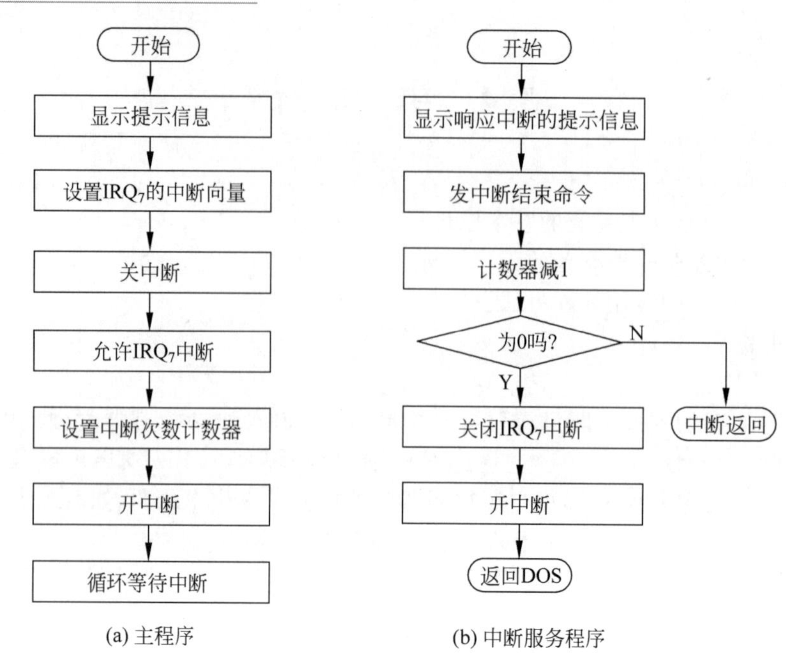

(a) 主程序　　(b) 中断服务程序

图 3.17　中断参考流程

```
MESS    DB 'THIS IS A IRQ7 INTRUPT!',0AH,0DH,'$'
DATA    ENDS
CODE    SEGMENT
        ASSUME  CS: CODE,DS: DATA
START:  MOV     AX,CS
        MOV     DS,AX
        MOV     DX,OFFSET  INT7
        MOV     AX,250FH
        INT     21H              ;设中断程序 INT7 的类型号为 0FH
        CLI                      ;清中断允许位
        IN      AL,21H           ;读中断屏蔽寄存器
        AND     AL,7FH           ;开放 IRQ7 中断
        OUT     21H,AL
        MOV     CX,10            ;设中断循环次数为 10 次
        STI                      ;置中断允许位
LL:     JMP     LL
INT7:   MOV     AX,DATA          ;中断服务程序
        MOV     DS,AX
        MOV     DX,OFFSET  MESS
        MOV     AH,09            ;显示每次中断的提示信息
        INT     21H
        MOV     AL,20H
        OUT     20H,AL           ;发出 EOI 结束中断
        LOOP    NEXT
        IN      AL,21H
        OR      AL,80H           ;关闭 IR7 中断
        OUT     21H,AL
        STI                      ;置中断允许位
        MOV     AH,4CH           ;返回 DOS
        INT     21H
NEXT:   IRET
CODE    ENDS
        END     START
```

3. 提高实验

(1) 实验内容。

① 编写实验程序，手动逐个输入单脉冲模拟计数 $N(N\leqslant 9)$，每按动一次单脉冲，产生一次外部中断，依次在屏幕上显示“1”“2”…“9”等字符。

② 按图 3.18(a)8255A 方式 1 的输出电路连好线路，编程实现每按一次单脉冲按钮产生一次中断请求，使 CPU 进行一次中断服务，控制 $L_7\sim L_0$ 依次发光(依次输出 01H、02H、04H、08H、10H、20H、40H、80H)，中断 8 次后结束。

③ 按图 3.18(b)8255A 方式 1 的输入电路连好线路，编程实现每按一次单脉冲按钮产生一次中断请求，使 CPU 进行一次中断服务，读取逻辑电平开关预置的 ASCII 码，在屏幕上显示其对应的字符，中断 8 次结束。

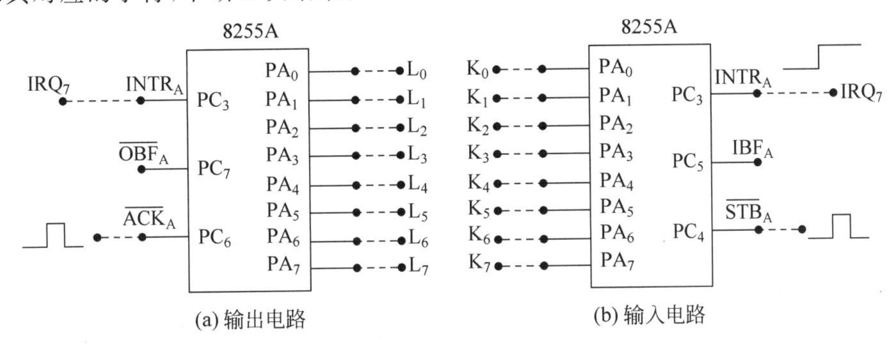

图 3.18 中断提高实验电路

(2) 编程提示。

8255A 采用 A 端口方式 1 输入时，3 个控制信号 $\overline{STB_A}$、IBF_A、$INTR_A$ 分别连 PC_4、PC_5、PC_3；而采用 A 端口方式 1 输出时，3 个控制信号 $\overline{OBF_A}$、$\overline{ACK_A}$、$INTR_A$ 分别连 PC_7、PC_6、PC_3。

(3) 参考流程。

参考流程如图 3.19、图 3.20 所示。

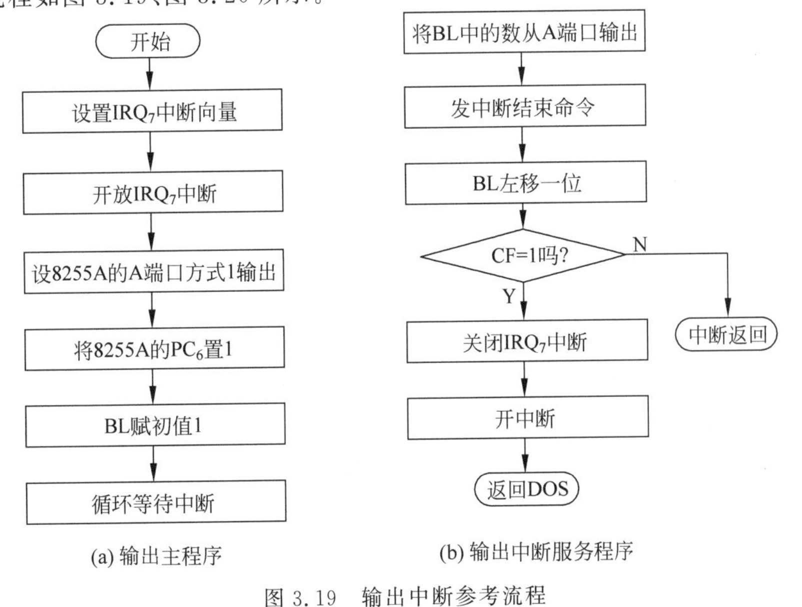

图 3.19 输出中断参考流程

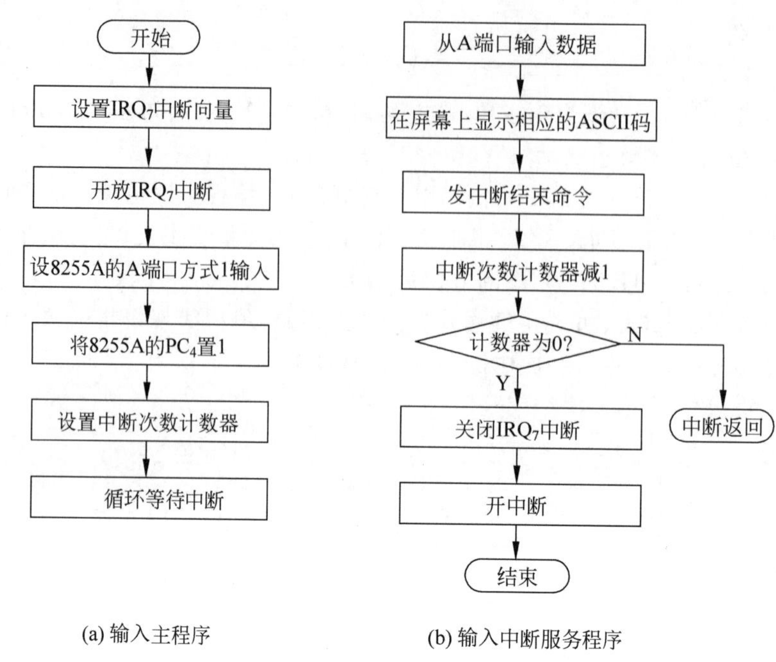

图 3.20　输入中断参考流程

4. 思考题

(1) 实验中是否可以采用连续脉冲信号作为中断请求信号?

(2) IMR 在何时为 0,何时为 1?

(3) 若中断请求信号设置为 IRQ_2,程序如何改动?

3.5　七段 LED 数码管

1. 实验目的

(1) 掌握数码管显示数字的原理。

(2) 熟悉 8255A 的编程。

2. 基础实验

(1) 实验内容。

① 静态显示实验。按图 3.21 所示连接好电路,将 8255A 的 PA_0～PA_6 分别与七段数码管 a～g 相连,位码驱动输入端 S_1 接＋5V(选中),S_0、dp 接地(关闭),编程从键盘输入一位十进制数字(0～9),在七段数码管上显示出来。

② 动态显示实验。按图 3.22 所示连接好电路,七段数码管段码连接不变,位码驱动输入端 S_1、S_0 接 8255A 的 PC_1、PC_0,编程在两个数码管上循环显示 00～99。

(2) 编程提示。

① 设七段数码管采用共阴极,段码采用同相驱动,输入端加高电平,选中的数码管亮;位码采用反相驱动器,位码输入端高电平选中。从段码与位码的驱动器输入端(段码输入端:a、b、c、d、e、f、g、dp,位码输入端:S_1、S_0)输入不同的代码即可显示不同的数字或符号。

② 七段码如图 3.23 所示。

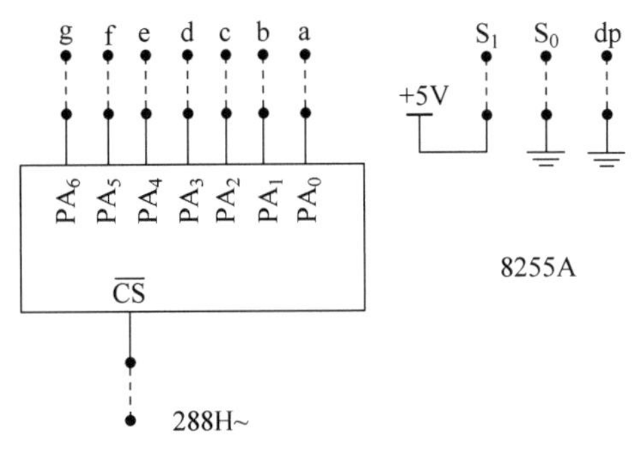

图 3.21　静态显示电路

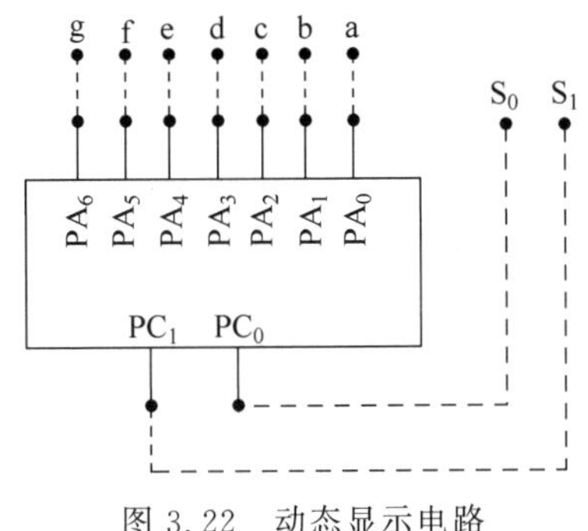

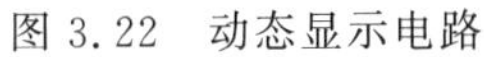
图 3.22　动态显示电路

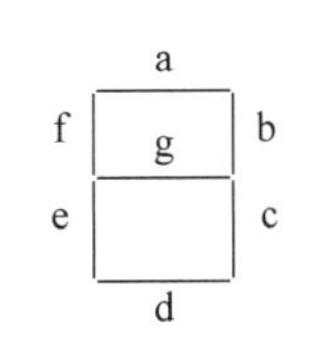

图 3.23　七段码

③ 七段数码管的字型代码(段码)如表 3.2 所示。

表 3.2　七段数码管段码

显示字形	g	f	e	d	c	b	a	段码
0	0	1	1	1	1	1	1	3FH
1	0	0	0	0	1	1	0	06H
2	1	0	1	1	0	1	1	5BH
3	1	0	0	1	1	1	1	4FH
4	1	1	0	0	1	1	0	66H
5	1	1	0	1	1	0	1	6DH
6	1	1	1	1	1	0	1	7DH
7	0	0	0	0	1	1	1	07H
8	1	1	1	1	1	1	1	7FH
9	1	1	0	1	1	1	1	6FH

(3) 参考流程。

参考流程如图 3.24 所示。

(4) 参考程序。

① 静态显示参考程序：

```
DATA    SEGMENT
LE      DB      3FH,06H,5BH,4FH,66H,6DH,7DH,07H,7FH,6FH
MESG1   DB      0DH,0AH,'INPUT A NUM (0～9): ',0DH,0AH,'$'
DATA    ENDS
CODE    SEGMENT
```

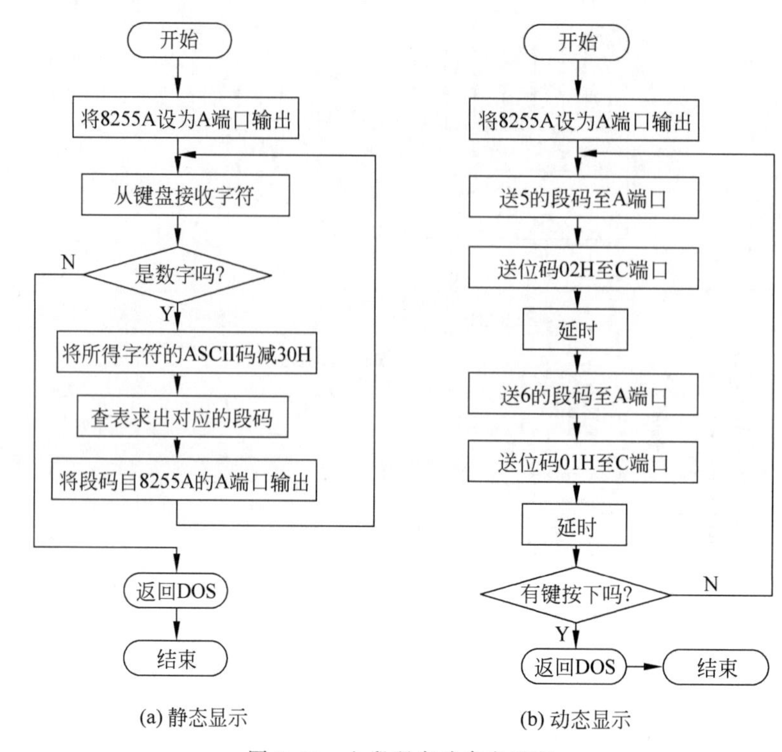

图 3.24　七段码实验参考流程

```
        ASSUME  CS: CODE,DS: DATA
START:  MOV     AX,DATA
        MOV     DS,AX
        MOV     DX,28BH             ;设 8255A 的 A 端口为输出方式
        MOV     AX,80H
        OUT     DX,AL
SSS:    MOV     DX,OFFSET  MESG1    ;显示提示信息
        MOV     AH,09H
        INT     21H
        MOV     AH,01               ;从键盘接收字符
        INT     21H
        CMP     AL,'0'              ;是否小于 0
        JL      EXIT                ;若是则退出
        CMP     AL,'9'              ;是否大于 9
        JG      EXIT                ;若是则退出
        SUB     AL,30H              ;将所得字符的 ASCII 码减 30H
        MOV     BX,OFFSET  LED
        XLAT                        ;求出相应的段码
        MOV     DX,288H             ;从 8255A 的 A 端口输出
        OUT     DX,AL
        JMP     SSS
EXIT:   MOV     AH,4CH              ;返回 DOS
        INT     21H
CODE    ENDS
        END     START
```

② 动态显示参考程序：

```
DATA    SEGMENT
```

```
LED         DB      3FH,06H,5BH,4FH,66H,6DH,7DH,07H,7FH,6FH       ;段码
BUFFER1     DB      5,6                                           ;存放要显示的十位和个位
BZ          DW      ?                                             ;位码
DATA        ENDS
CODE        SEGMENT
            ASSUME  CS: CODE,DS: DATA
START:      MOV     AX,DATA
            MOV     DS,AX
            MOV     DX,28BH                                       ;将 8255A 设为 A 端口输出
            MOV     AL,80H
            OUT     DX,AL
            MOV     DI,OFFSET  BUFFER1                            ;设 DI 为显示缓冲区
LOOP1:      MOV     CX,0300H                                      ;设循环次数
LOOP2:      MOV     BH,02
LLL:        MOV     BYTE PTR BZ,BH
            PUSH    DI
            DEC     DI
            ADD     DI,BZ
            MOV     BL,[DI]                                       ;BL 为要显示的数
            POP     DI
            MOV     BH,0
            MOV     SI,OFFSET  LED                                ;置 LED 数码表偏移地址为 SI
            ADD     SI,BX                                         ;求出对应的 LED 数码
            MOV     AL,BYTE PTR [SI]
            MOV     DX,288H                                       ;自 8255A 的 A 端口输出
            OUT     DX,AL
            MOV     AL,BYTE PTR BZ                                ;使相应的数码管亮
            MOV     DX,28AH
            OUT     DX,AL
            PUSH    CX
            MOV     CX,3000
DELAY:      LOOP    DELAY                                         ;延时
            POP     CX
            MOV     BH,BYTE PTR BZ
            SHR     BH,1
            JNZ     LLL
            LOOP    LOOP2                                         ;循环延时
            MOV     AX,WORD PTR [DI]
            CMP     AH,09
            JNZ     SET
            CMP     AL,09
            JNZ     SET
            MOV     AX,0000
            MOV     [DI],AL
            MOV     [DI+1],AH
            JMP     LOOP1
SET:        MOV     DX,0FFH
            MOV     AH,06
            INT     21H
            JNE     EXIT                                          ;若有键按下则转 EXIT
            MOV     AX,WORD PTR [DI]
            INC     AL
            AAA
            MOV     [DI],AL                                       ;AL 中为十位
```

```
        MOV   [DI+1],AH                    ;AH中为个位
        JMP   LOOP1
EXIT:   MOV   DX,28AH
        MOV   AL,0                         ;关掉数码管显示
        OUT   DX,AL
        MOV   AH,4CH                       ;返回DOS
        INT   21H
CODE    ENDS
        END   START
```

3. 提高实验

(1) 实验内容。

利用微机实现一个竞赛抢答器。图3.25为模拟竞赛抢答器的原理图,逻辑开关 K_0 ~ K_7 代表竞赛抢答按钮0~7号,当某个逻辑电平开关置"1"时,相当于某组抢答按钮按下,在七段数码管上将其组号(0~7)显示出来,并使喇叭响一下。

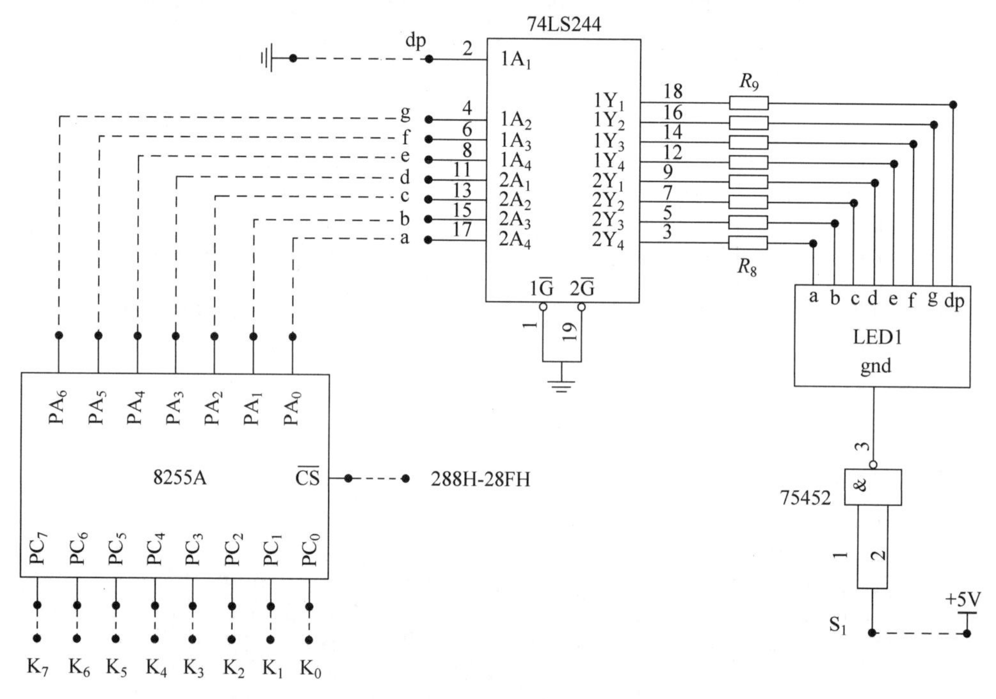

图3.25 模拟竞赛抢答器的原理图

(2) 编程提示。

设置8255A为C端口输入、A端口输出。读取C端口数据,若为0则表示无人抢答,若不为0则有人抢答,根据读取数据判断其组号,从键盘上按空格键开始下一轮抢答,按其他键程序退出。

(3) 参考流程。

参考流程如图3.26所示。

4. 思考题

(1) 基础实验中动态显示的时间如何控制?

(2) 实验中如果采用共阳极的七段数码管,程序设计中应有哪些变化?

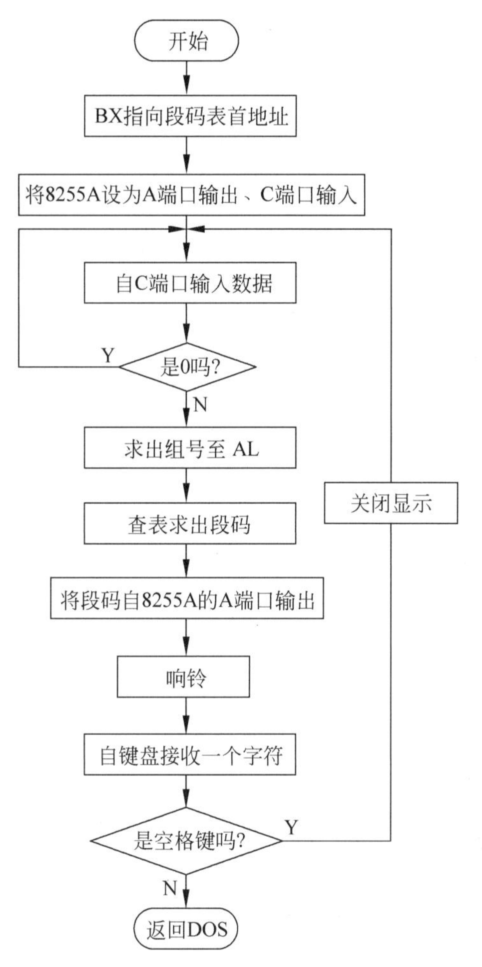

图 3.26　模拟竞赛抢答器实验参考流程

3.6　数模转换器

1. 实验目的

(1) 了解数模转换的基本原理。

(2) 掌握 DAC0832 的使用方法。

2. 基础实验

(1) 实验内容。

实验电路如图 3.27 所示。DAC0832 端口地址为 290H,采用单缓冲方式,具有单、双极性输入端(图中的 Ua、Ub),利用 DEBUG 输出命令(O 290,数据)输出数据给 DAC0832,用万用表测量单极性输出端 Ua 及双极性输出端 Ub 的电压,验证数字与电压之间的线性关系。

编程产生以下波形(从 Ub 输出,用示波器观察)。

① 锯齿波。

② 正弦波。

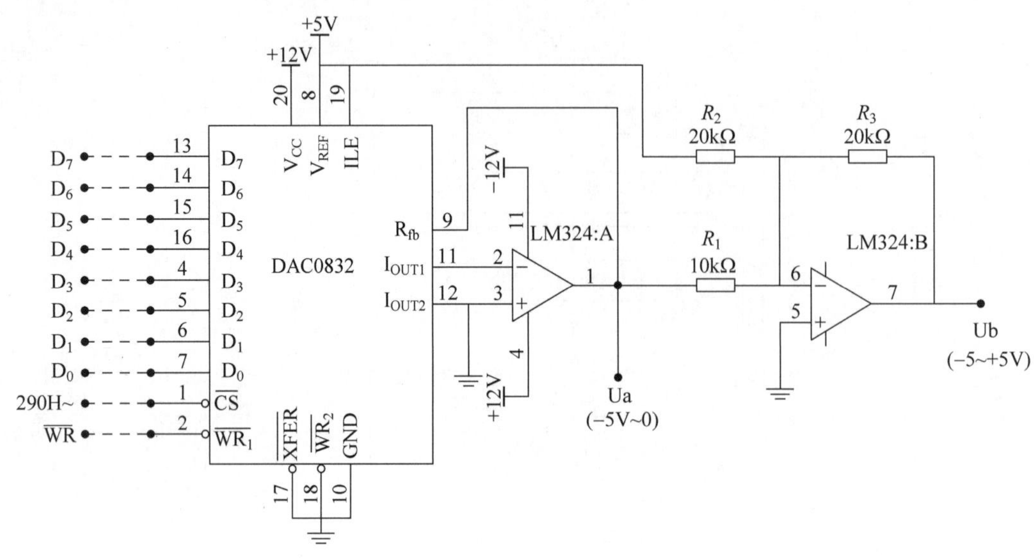

图3.27　数模转换实验电路

(2) 编程提示。

① 8位D/A转换器DAC0832的端口地址设为290H,输入数据与输出电压的关系为:

$$\text{Ua}= -U_{\text{REF}}/256 \times N$$

$$\text{Ub}= 2\,U_{\text{REF}}/256 \times N-5$$

其中,U_{REF} 表示参考电压,参考电压为+5V电源; N 表示数据。

② 产生锯齿波只需将输出到DAC0832的数据由0循环递增,产生正弦波可根据正弦函数建一个正弦数字量表,取值范围为一个周期,表中数据个数在16个以上。

(3) 参考流程。

参考流程如图3.28所示。

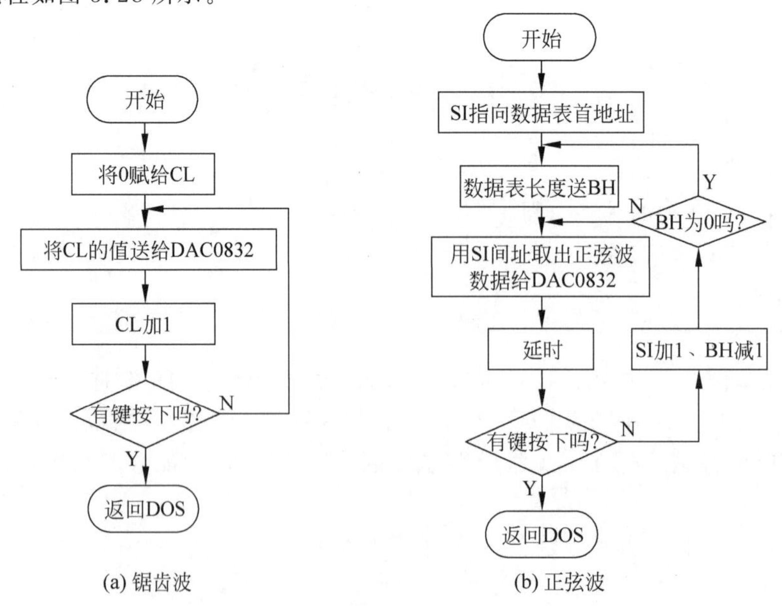

图3.28　数模转换实验参考流程

(4) 程序清单。

① 锯齿波参考程序：

```
CODE    SEGMENT
        ASSUME   CS: CODE
START:  MOV      CL,0
        MOV      DX,290H
LLL:    MOV      AL,CL
        OUT      DX,AL
        INC      CL            ;CL 加 1
        INC      CL
        INC      CL
        INC      CL
        INC      CL
        INC      CL
        INC      CL
        PUSH     DX
        MOV      AH,06H        ;判断是否有键按下
        MOV      DL,0FFH
        INT      21H
        POP      DX
        JZ       LLL           ;若无则转 LLL
        MOV      AH,4CH        ;返回 DOS
        INT      21H
CODE    ENDS
        END  START
```

② 正弦波参考程序：

```
DATA   SEGMENT
SIN    DB   80H,96H,0AEH,0C5H,0D8H,0E9H,0F5H,0FDH
       DB   0FFH,0FDH,0F5H,0E9H,0D8H,0C5H,0AEH,96H
       DB   80H,66H,4EH,38H,25H,15H,09H,04H
      DB   00H,04H,09H,15H,25H,38H,4EH,66H       ;正弦波数据
DATA  ENDS
CODE  SEGMENT
      ASSUME CS: CODE,DS: DATA
START:MOV  AX,DATA
      MOV  DS,AX
LL:   MOV  SI,OFFSET SIN                       ;置正弦波数据的偏移地址为 SI
      MOV  BH,32                               ;一组输出 32 个数据
LLL:  MOV  AL,[SI]                             ;将数据输出到 D/A 转换器
      MOV  DX,290H
      OUT  DX,AL
      MOV  AH,06H
      MOV  DL,0FFH
      INT  21H
      JNE  EXIT
      MOV  CX,1
DELAY:LOOP DELAY                               ;延时
```

```
        INC   SI                                    ;取下一个数据
        DEC   BH
        JNZ   LLL                                   ;若未取完 32 个数据则转 LLL
        JMP   LL
EXIT:   MOV   AH,4CH                                ;退出
        INT   21H
CODE    ENDS
        END   START
```

3. 提高实验

(1) 实验内容。

通过 D/A 转换器产生模拟信号,使 PC 作为简易电子琴。实验电路如图 3.29 所示,8253 的 CLK_0 接 1MHz,$GATE_0$ 接+5V,OUT_0 接 8255A 的 PA_0,D/A 转换器的输出端外接喇叭,编程使计算机的数字键 1、2、3、4、5、6、7 作为电子琴按键,按下即发出相应的音阶。

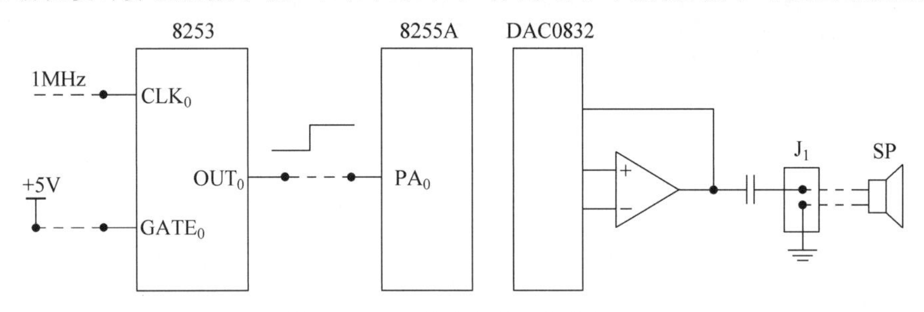

图 3.29 数模转换提高实验电路

(2) 编程提示。

① 对于一个特定的 D/A 转换接口电路,CPU 执行一条指令将数据送入 D/A 转换器,即可在其输出端得到一定的电压输出。给 D/A 转换器输入按正弦规律变化的数据,在其输出端即可产生正弦波。对于音乐,每个音阶都有确定的频率,各音阶值称为频率,如表 3.3 所示。

表 3.3 C 调音阶与频率的对应关系

音阶	1	2	3	4	5	6	7
频率/Hz	262	294	330	350	393	441	495

② 产生一个正弦波的数据可取 32 个(小于 32 也可以),不同频率的区别在于可调节向 D/A 转换器输出数据的时间间隔,例如:发"1"频率为 262Hz,周期为 1/262=3.82(ms),输出数据的时间间隔为 3.82ms/32=0.12ms。定时时间由 8253 配合 8255A 来实现,按下某键后发音时间的长短可由发出的正弦波的多少来控制。

(3) 参考流程。

参考流程如图 3.30 所示。

4. 思考题

(1) 正锯齿波与负锯齿波的实现有何区别?

(2) 电子琴发音时间的长短由什么决定?

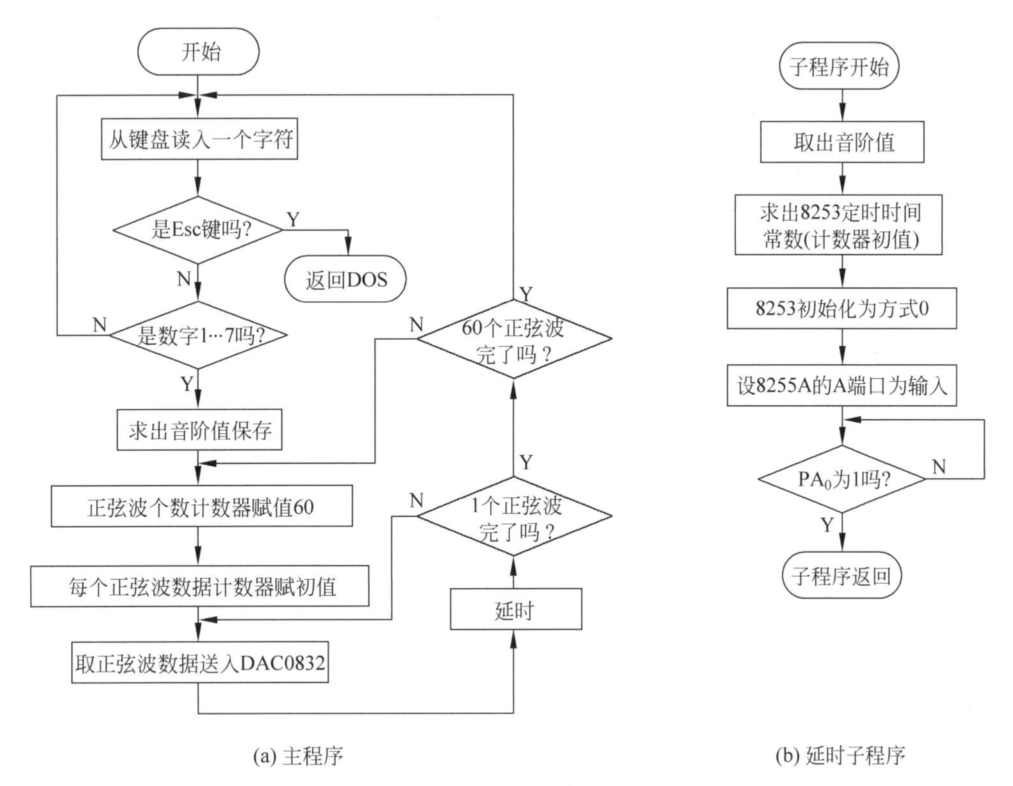

图 3.30　数模转换参考流程

3.7　模数转换器

1. 实验目的

了解模数转换的基本原理,掌握 ADC0809 的使用方法。

2. 基础实验

(1) 实验内容。

实验电路如图 3.31 所示。通过电位器 RW_1 输出 0～5V 直流电压送入 ADC0809 通道 0(IN_0)。采集 IN_0 输入的电压,在屏幕上显示出转换后的数据(用十六进制数表示)。

(2) 编程提示。

① ADC0809 的 IN_0 端口地址设为 288H,IN_1 端口地址设为 289H。利用 DEBUG 的输出命令启动 A/D 转换器,输入命令读取转换结果,验证输入电压与转换后数字的关系。

利用 DEBUG 输出命令启动 IN_0 开始转换: O 288,0

利用 DEBUG 输入命令读取转换结果: I 288

② IN_0 单极性输入电压与转换后数字的关系为

$$N=\frac{U_{\mathrm{i}}}{U_{\mathrm{REF}}/256}$$

其中,U_{i} 为输入电压,U_{REF} 为参考电压,参考电压为+5V 电源。

③ 一次 A/D 转换的程序如下。

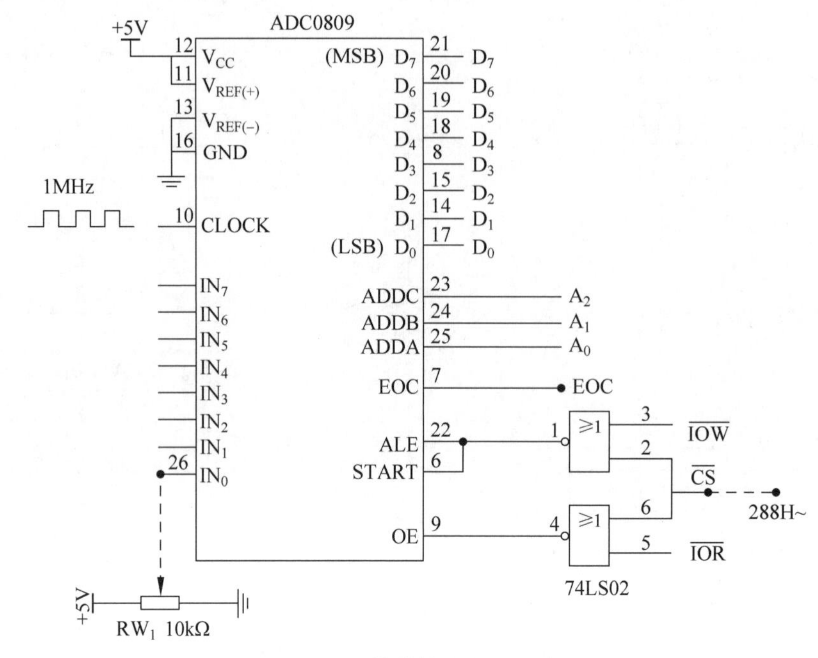

图 3.31　模数转换实验电路

```
MOV     DX,端口地址
OUT     DX,AL                    ;启动转换
CALL    DELAY                    ;延时
IN      AL,DX                    ;读取转换结果放到 AL 中
```

(3) 参考流程。

参考流程如图 3.32 所示。

(4) 参考程序。

```
CODE    SEGMENT
        ASSUME  CS: CODE
START:  MOV     DX,288H              ;启动 A/D 转换器
        OUT     DX,AL
        MOV     CX,0FFH
DELAY:  LOOP    DELAY                ;调延时子程序
        IN      AL,DX                ;从 A/D 转换器输入数据
        MOV     BL,AL                ;将 AL 保存到 BL
        MOV     CL,4
        SHR     AL,CL                ;将 AL 右移 4 位
        CALL    DISP                 ;调显示子程序显示其高 4 位
        MOV     AL,BL
        AND     AL,0FH
        CALL    DISP                 ;调显示子程序显示其低 4 位
        MOV     AH,02
        MOV     DL,20H               ;加回车符
        INT     21H
        MOV     DL,20H
        INT     21H
        PUSH    DX
        MOV     AH,06H               ;判断是否有键按下
        MOV     DL,0FFH
```

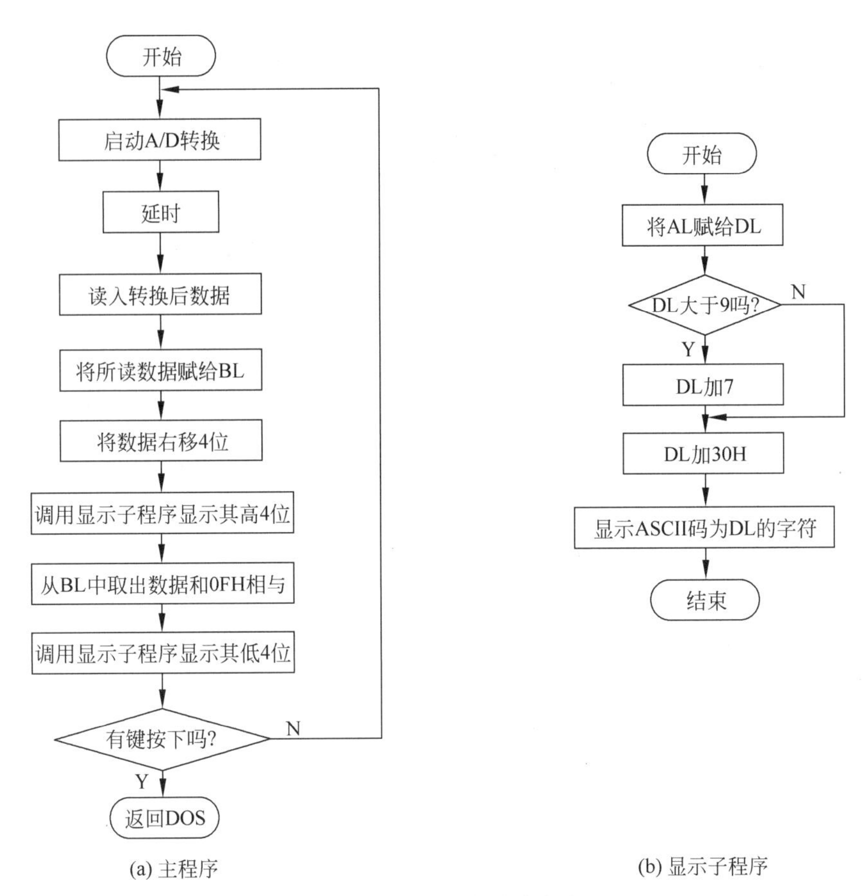

图 3.32　模数转换实验参考流程

```
        INT     21H
        POP     DX
        JE      START           ;若没有则转 START
        MOV     AH,4CH          ;退出
        INT     21H
DISP    PROC    NEAR            ;显示子程序
        MOV     DL,AL
        CMP     DL,9            ;比较 DL 是否大于 9
        JLE     DDD             ;若不大于则为'0'～'9',加 30H 为其 ASCII 码
        ADD     DL,7            ;否则为'A'～'F',再加 7
DDD:    ADD     DL,30H          ;显示
        MOV     AH,02
        INT     21H
        RET
DISP    ENDP
CODE    ENDS
        END START
```

3. 提高实验

(1) 实验内容。

实现一个数字录音机,如图 3.33 所示。实验台上一般有一个立体声插孔用于外接话筒,把代表语音的电信号送给 ADC0809 通道 2(IN_2),模拟量输入采用单极性。D/A 转换

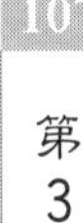

器的输出端外接喇叭。

编程以每秒5000次的速率采集IN_2输入的语音数据并存入内存,共采集60 000个数据(录12s),然后再以同样的速率将数据送入DAC0832,使喇叭发声(放音)。

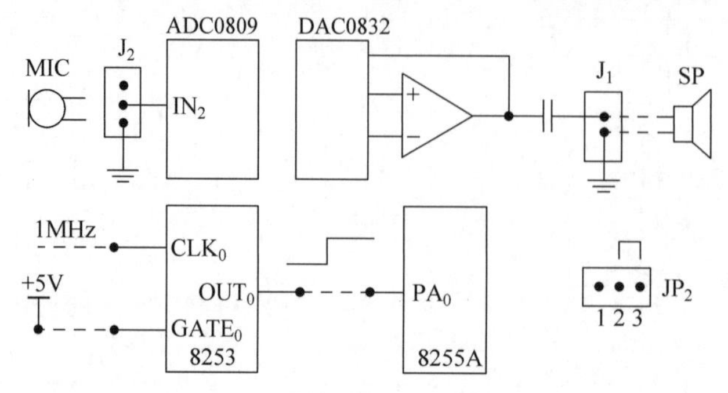

图3.33 实现数字录音机实验电路

(2) 编程提示。

① 将8253设置成方式0,计数200个(定时0.2ms),利用PA_0查询OUT_0电平,若为高电平则表示定时时间到。

② ADC0809通道2(IN_2)的端口地址设为29AH,DAC0832的端口地址设为290H。

(3) 参考流程。

参考流程如图3.34所示。

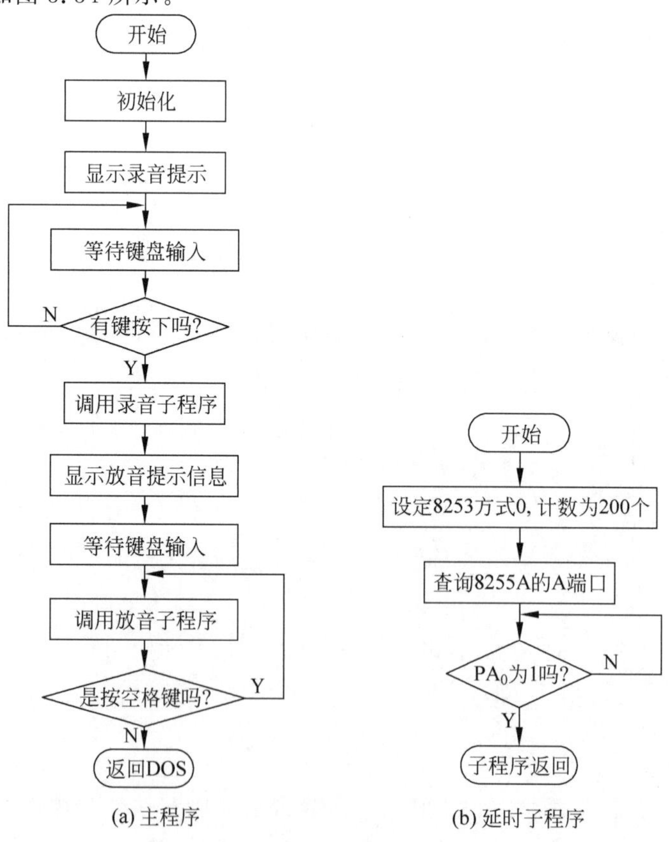

图3.34 实现数字录音机实验参考流程

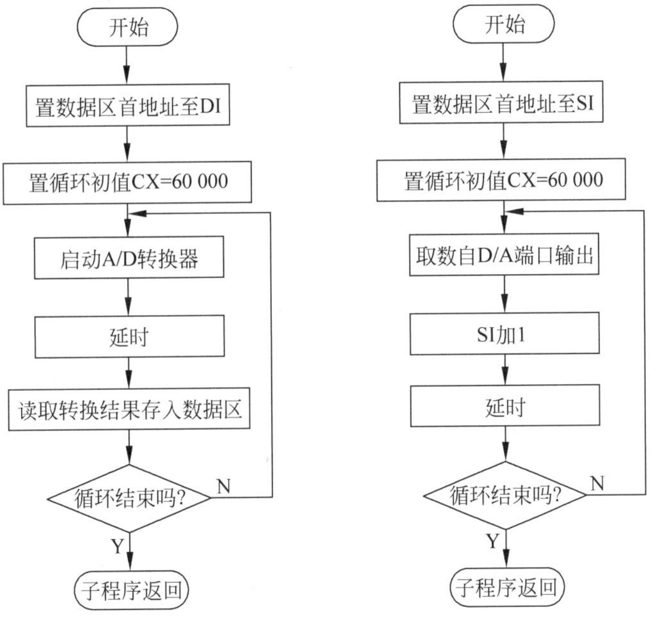

开始
置数据区首地址至DI
置循环初值CX=60 000
启动A/D转换器
延时
读取转换结果存入数据区
循环结束吗?
N
Y
子程序返回

(c) 录音子程序

开始
置数据区首地址至SI
置循环初值CX=60 000
取数自D/A端口输出
SI加1
延时
循环结束吗?
N
Y
子程序返回

(d) 放音子程序

图 3.34 （续）

4. 思考题

（1）基础实验中 A/D 转换程序采用查询方式如何实现？

（2）若 ADC0809 的 ADDC、ADDB、ADDA 分别与 D_2、D_1、D_0 相连，程序如何实现？

3.8 串 行 通 信

1. 实验目的

（1）了解串行通信的基本原理。

（2）掌握串行接口芯片 8251 的工作原理和编程方法。

2. 基础实验

（1）实验内容。

自发自收实验，按图 3.35 所示连接电路，其中 8253 用于产生 8251 的发送和接收时钟，TxD 和 RxD 相连。

① 将 4000H 开始的 10 个单元中的初始值字符“0”“1”…“9”发送到串口，然后自接收并保存到 3000H 开始的内存中。编写程序，编译、连接后装入系统，使用 E 命令更改 4000H 开始的 10 个单元中的数据，运行程序，待程序运行停止后，检查内存单元 3000H 开始的 10 个单元中的数据，与 4000H 起始的数据进行比较，验证程序的功能。

② 从键盘输入一个字符，将其 ASCII 码加 1 后通过 8251 发送出去，再接收回来在屏幕上显示，实现自发自收。

（2）编程提示。

① 设 8251 的控制口地址为 289H，数据口地址为 288H。

② 8253 计数器的计数初值＝时钟频率/(波特率×波特率因子)，时钟频率接 1MHz，波

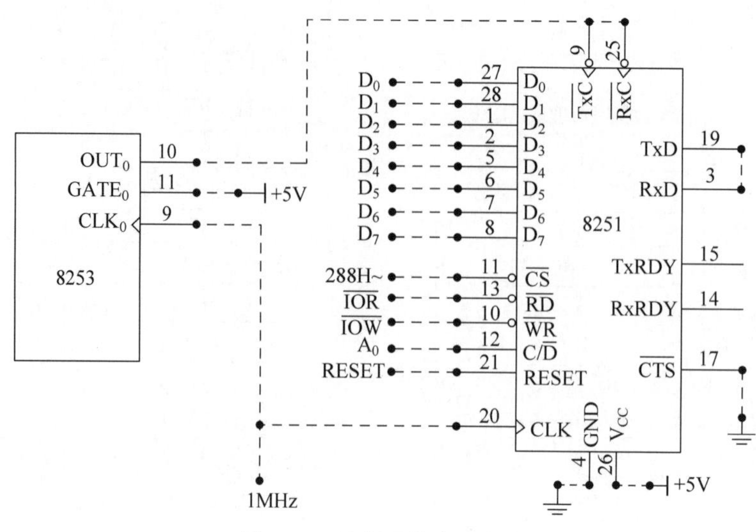

图 3.35　串行通信实验电路

特率选择1200b/s,波特率因子若选择16,则计数器初值为52。8253的端口地址为280H～283H。

③ 收发采用查询方式。

(3) 参考流程。

自发自收实验②的参考流程如图3.36所示。

(4) 程序清单。

```
DATA     SEGMENT
MES1     DB 'YOU CAN PLAY A KEY ON THE KEYBORD! ',0DH,0AH,24H
MES2     DD  MES1
DATA     ENDS
CODE     SEGMENT
         ASSUME  CS: CODE,DS: DATA
OUT1     PROC    NEAR         ;向外发送1字节的子程序
         OUT     DX,AL
         PUSH    CX
         MOV     CX,400H
GG:      LOOP    GG           ;延时
         POP     CX
         RET
OUT1     ENDP
START:   MOV     AX,DATA
         MOV     DS,AX
         MOV     DX,283H      ;设置8253计数器0工作方式
         MOV     AL,16H
         OUT     DX,AL
         MOV     DX,280H
         MOV     AL,52        ;向8253计数器0送初值
         OUT     DX,AL
         MOV     DX,289H      ;初始化8251
         XOR     AL,AL
         MOV     CX,03        ;向8251控制端口送3个0
DELAY:   CALL    OUT1
```

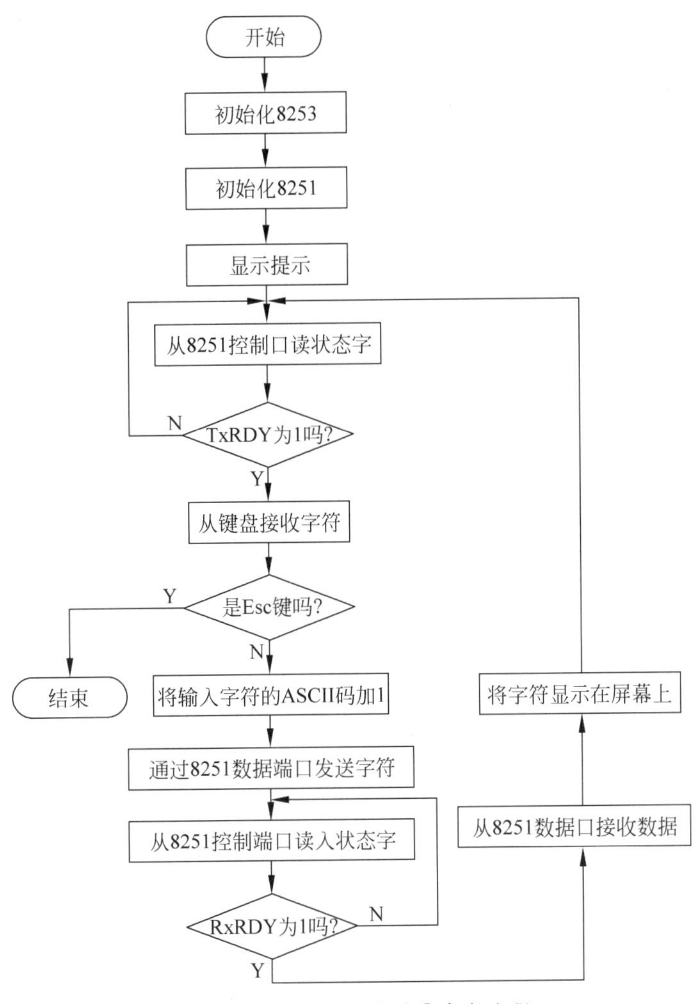

图 3.36　自发自收实验②参考流程

```
        LOOP    DELAY
        MOV     AL,40H          ;向 8251 控制端口送 40H,使其复位
        CALL    OUT1
        MOV     AL,4EH          ;设置为 1 个停止位,8 个数据位,波特率因子为 16
        CALL    OUT1
        MOV     AL,27H          ;向 8251 送控制字允许其发送和接收
        CALL    OUT1
        LDS     DX,MES2         ;显示提示信息
        MOV     AH,09
        INT     21H
WAITI:  MOV     DX,289H
        IN      AL,DX
        TEST    AL,01           ;发送是否准备好
        JZ      WAITI
        MOV     AH,01           ;是,从键盘上读一个字符
        INT     21H
        CMP     AL,27           ;若为 Esc 键,则结束
        JZ      EXIT
        MOV     DX,288H
```

```
          INC     AL
          OUT     DX,AL          ;发送
          MOV     CX,400H
S51:      LOOP    S51            ;延时
NEXT:     MOV     DX,289H
          IN      AL,DX
          TEST    AL,02          ;检查接收是否准备好
          JZ      NEXT           ;若没有,则等待
          MOV     DX,288H
          IN      AL,DX          ;若准备好,则接收
          MOV     DL,AL
          MOV     AH,02          ;将接收到的字符显示在屏幕上
          INT     21H
          JMP     WAITI
EXIT:     MOV     AH,4CH         ;退出
          INT     21H
CODE      ENDS
          END     START
```

3. 提高实验

(1) 实验内容。

双机通信实验,通过查询方式实现双机异步通信。设两台计算机A和B,按图3.37所示接好电路,A机的TxD端接B机的RxD端,A机的RxD端接B机的TxD端,利用8253产生8251发送和接收的时钟。

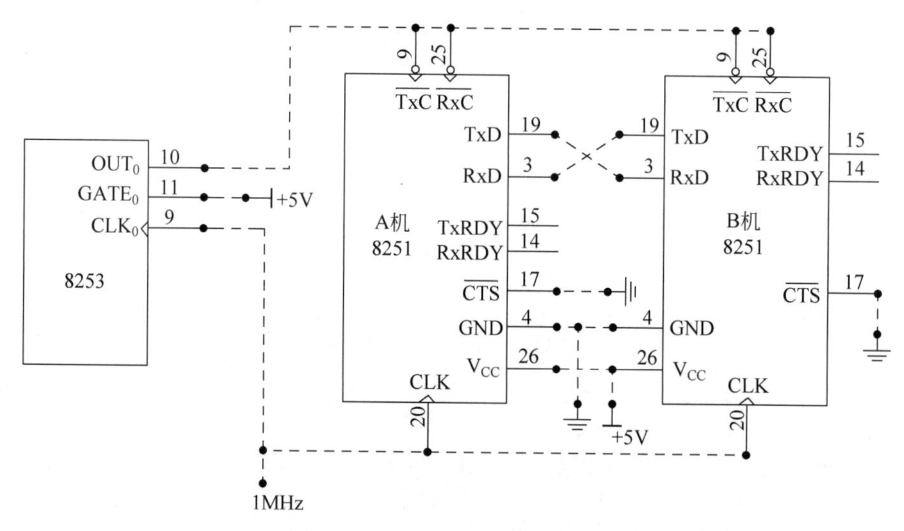

图3.37 双机通信提高实验电路

(2) 编程提示。

要求A、B机均能作为发送机和接收机,如从A机的键盘输入一个字符,将其ASCII码发送到B机上,并在B机的显示器上显示出来,数据发送与接收均采用查询方式。

(3) 参考流程。

参考流程如图3.38所示。

4. 思考题

(1) 波特率与时钟频率有什么关系?在相同的波特率下,同步通信和异步通信哪个效

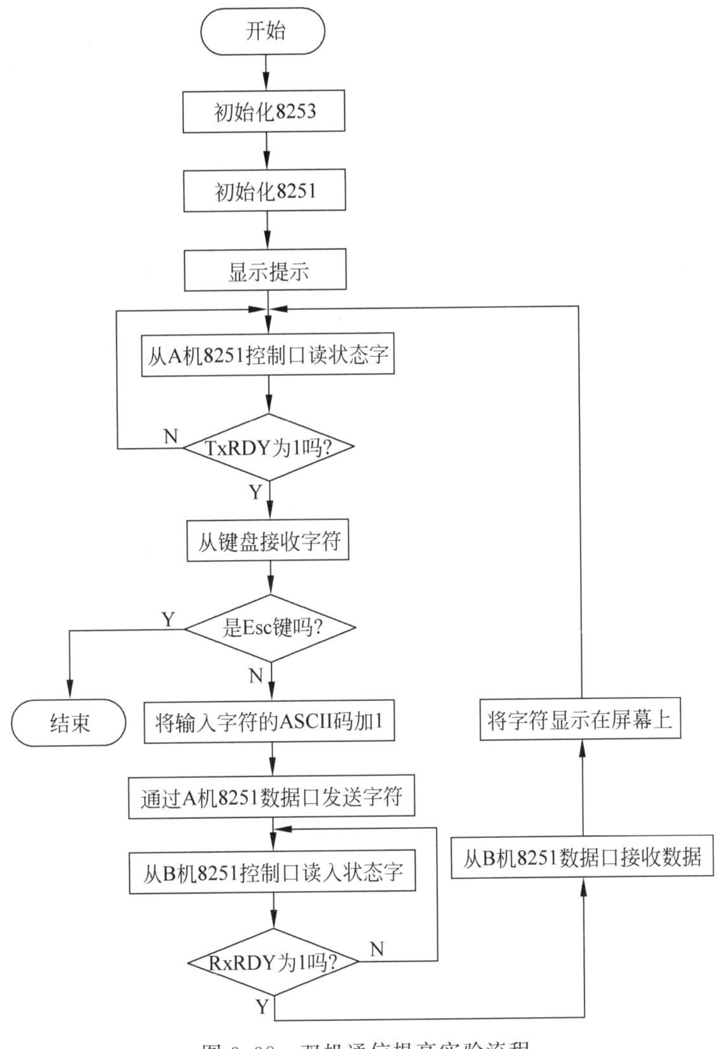

图 3.38　双机通信提高实验流程

率高?

(2) 什么时候才能将方式控制字写入 8251?

3.9　存储器读写

1. 实验目的

(1) 熟悉 6116 静态 RAM 的使用方法,掌握 PC 外存扩充的手段。

(2) 了解 PC 总线信号的定义,领会总线及总线标准的意义。

(3) 通过对硬件电路的分析,学习总线的工作时序。

2. 实验内容

(1) 实验要求。

编写程序,将字符 A～Z 循环存入 6116 扩展 RAM 中,然后再将 6116 的内容读出显示在主机屏幕上。

(2) 实验原理。

实验电路如图3.39所示。

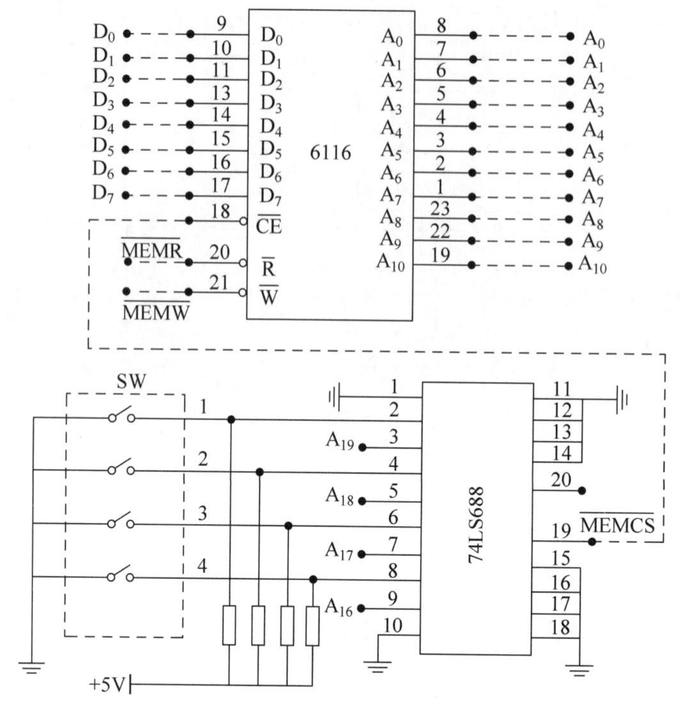

图 3.39　存储器读写实验电路

(3) 编程提示。

① 首先,需要通过片选信号的产生方式,确定6116RAM在PC系统中的地址范围。$\overline{CE}=A_{19}\cdot A_{18}\cdot \overline{A}_{17}\cdot A_{16}\cdot \overline{A}_{15}\cdot \overline{A}_{14}\cdot \overline{A}_{13}\cdot \overline{A}_{12}$,起始地址为D000:0000H。实验台上设有地址选择开关K_2,拨动开关,可以选择从D0000H开始的64K空间,也可以选择从E0000H开始的64K空间。开关状态如下。

1	2	3	4	地址
OFF	OFF	ON	OFF	D000H
OFF	OFF	OFF	ON	E000H

② 接收十六进制数表示的段地址和偏移量可以定义一个公共的子程序。

(4) 参考流程。

参考流程如图3.40所示。

(5) 参考程序。

```
DATA       SEGMENT
MESSAGE    DB  'PLEASE ENTER A KEY TO SHOW CONTENTS',0DH,0AH,'$'
DATA       ENDS
STACK      SEGMENT
STA        DW      50  DUP(?)
TOP        EQU     LENGTH STA
STACK      ENDS
CODE       SEGMENT
           ASSUME  CS:CODE,DS:DATA,SS:STACK,ES:DATA
```

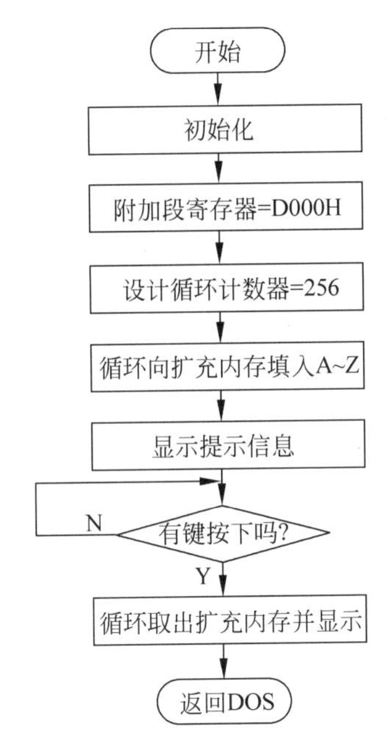

图 3.40　存储器读写实验参考流程

```
START:  MOV     AX,DATA
        MOV     DS,AX
        MOV     AX,STACK            ;段寄存器及栈指针初始化
        MOV     SS,AX
        MOV     SP,TOP
        MOV     AX,0D000H           ;附加段寄存器指向扩充内存区域
        MOV     ES,AX
        MOV     BX,0000H            ;偏移地址
        MOV     CX,100H             ;显示的字符数
        MOV     DL,40H              ;以'A'字符开始显示
REP1:   INC     DL
        MOV     ES:[BX],DL          ;字符存入扩充内存区域
        INC     BX
        CMP     DL,5AH              ;是否超过'Z'字符
        JNZ     SS1                 ;是否重置 DL 的值
        MOV     DL,40H
SS1:    LOOP    REP1                ;循环 256 次
        MOV     DX,OFFSET  MESSAGE
        MOV     AH,09               ;显示提示信息
        INT     21H
        MOV     AH,01H              ;等待按键
        INT     21H
        MOV     AX,0D000H
        MOV     ES,AX
        MOV     BX,0000H
        MOV     CX,0100H
REP2:   MOV     DL,ES:[BX]          ;取出扩充内存的内容并显示
        MOV     AH,02H
        INT     21H
        INC     BX
        LOOP    REP2
```

```
        MOV     AX,4C00H              ;返回 DOS
        INT 21H
CODE    ENDS
        END     START
```


3. 提高实验

编写实验程序,将1～100共100个数据及这100个数据之和写入SRAM的从0000H开始的一段存储空间中。编写好程序后,经编译、连接后装入系统,运行程序,待程序运行停止,然后通过系统命令D命令查看写入存储器中的数据,验证写入的数据是否正确。

4. 思考题

(1) 该实验中片选信号是通过何种方式产生的?

(2) 使用DEBUG的F命令,填充6116RAM的D000:0000H～07FFH单元为全"A"字符,再填充D000:0800H～0FFFH单元为全"B"字符。检查D000:0000H～0FFFH单元的填充情况,思考原因。

第4章 课程设计

4.1 数据采集

1. 设计目的

（1）掌握 8255A 的工作原理及使用方法。

（2）进一步了解 ADC0809 的性能及编程方法。

（3）进一步掌握七段数码管显示数字的原理及编程方法。

2. 设计内容

通过电位器 RW_1 输出 0～5V 直流电压，送入 ADC0809 的通道 0(IN_0)。

（1）实验要求。

① 编程采集 IN_0 输入的电压，并把转换后的数据以十六进制的形式在七段数码管上显示，范围为 00～FFH。

② 把转换后的数据以十进制的形式在七段数码管上显示，范围为 0.0～5.0V。

③ 当采集到的电压值超过 4.5V 时，喇叭发声报警。

（2）实验原理。

① 如图 4.1、图 4.2 所示，8255A 的 PA_0～PA_6 分别与七段数码管的段码驱动输入端 a～g 相连，8255A 的 PB_0、PB_1、PB_2 与位码驱动输入端 X_1、X_2、X_3 相连，控制数码管的选通。

② ADC0809 的转换结束信号 EOC 与 8255A 的 PC_7 相连，通过查询方式判断 ADC0809 的通道 0(IN_0)是否转换结束。

（3）编程提示。

① ADC0809 的 IN_0 端口地址为 640H，8255A 的端口地址为：A 端口，600H；B 端口，602H；C 端口，604H；控制口，606H。

② 启动一次 A/D 转换，转换结束后将采集数据保存到存储器中。

③ 将采集到的数据转换为十进制整数，数据范围为 0～255。将采集到的数除以 100，得到的商即为百位数，再将余数作为下一个被除数，再除以 10，得到的商即为十位数据，余数为个位数据。转换好的三位十进制数据分别保存于存储器的显示缓冲区中，再调用 LED 显示功能，以动态显示的方法将数据在 LED 上显示出来。

④ 8254 初始化。8254 的端口地址设为 680H～686H，通道 0 的工作方式设定为方式 3，初值为 1000，8255A 的 PC_3 初始电平设为低电平。8254 电路如图 4.3 所示。

⑤ 数据显示完毕之后，判断缓冲区中采集的数据是否大于 229（用数字 0～255 对应模

拟电压0～5V的范围，4.5V相当于十进制整数229，(4.5/5) * 255＝229.5)，如果是则将PC_3置高电平，由8254输出方波驱动扬声器发声报警。

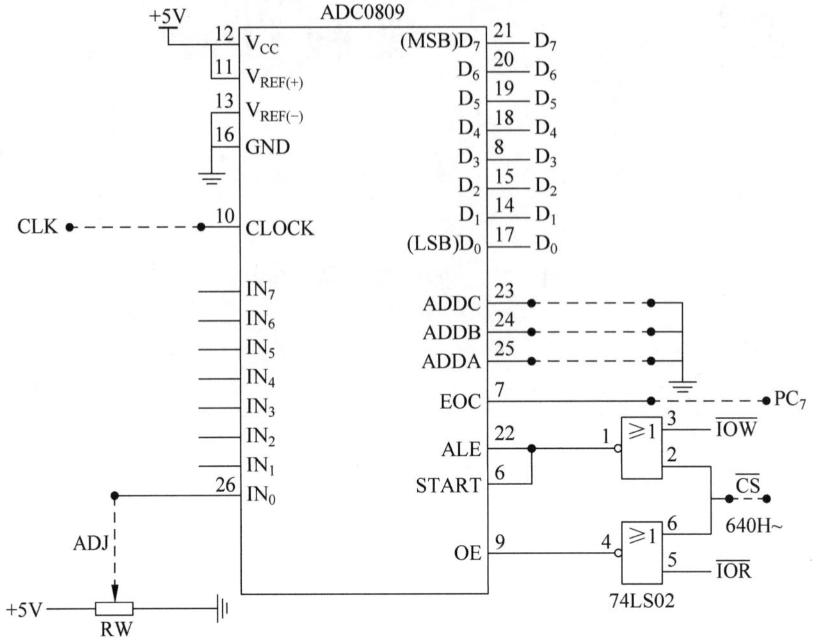

图4.1 ADC0809电路

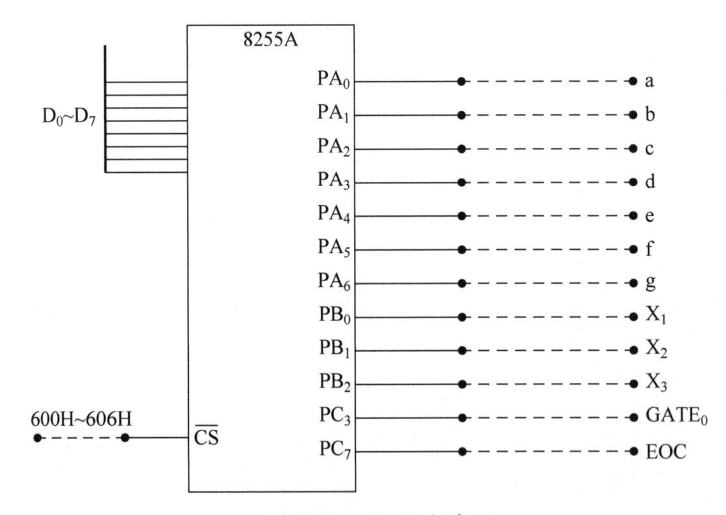

图4.2 8255A电路

(4) 参考流程。

主程序参考流程如图4.4所示，转换子程序和显示子程序的参考流程如图4.5和图4.6所示。

3. 思考题

若要求对七个通道轮流采集和显示，程序如何编写？

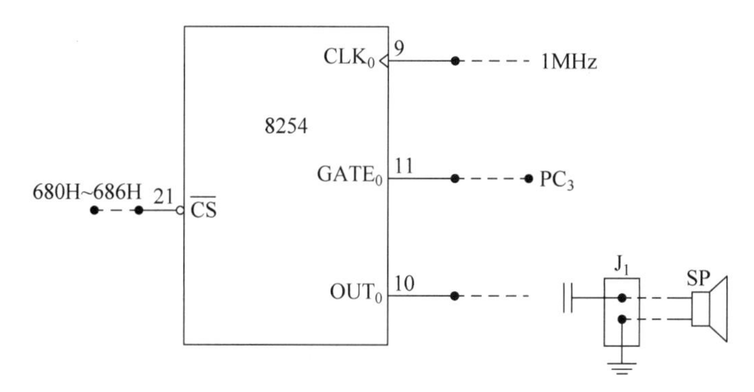

图 4.3　8254 电路

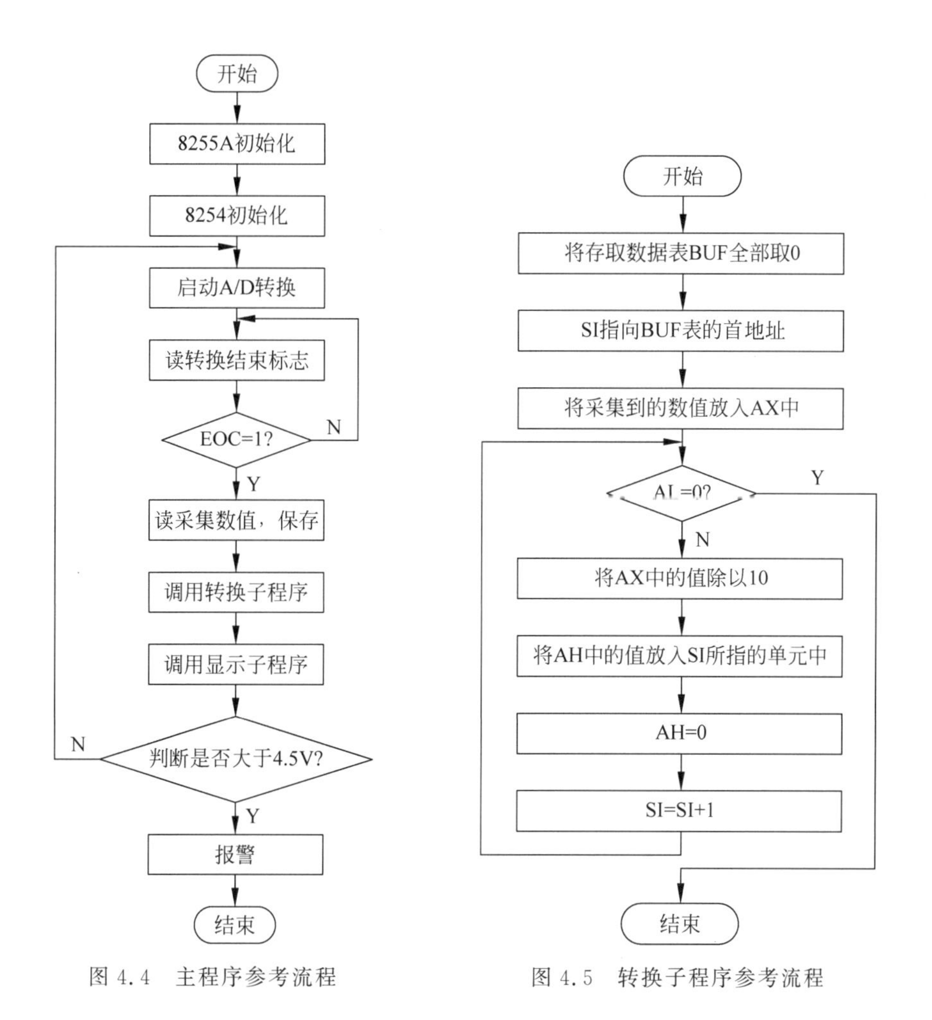

图 4.4　主程序参考流程

图 4.5　转换子程序参考流程

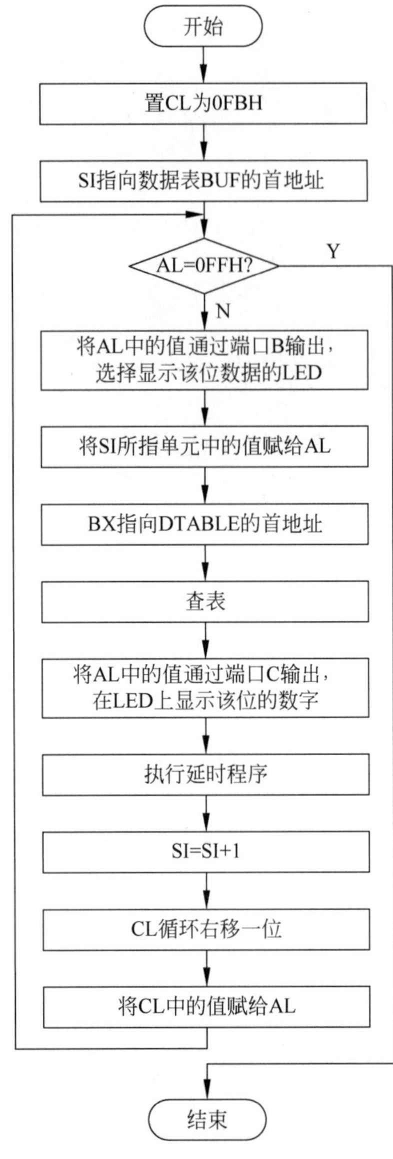

图4.6　显示子程序参考流程

4.2　键控声音播放器

1. 设计目的

(1) 了解定时器的基本原理，掌握8254控制扬声器发声的编程方法。

(2) 掌握基于8255A的动态键盘扫描方法。

2. 设计内容

(1) 实验内容。

① 分析不同的乐曲，根据提供的音乐频率表和时间表，编写程序控制8254，使其输出连到扬声器上发出相应的乐曲。

② 由 8255A 动态扫描识别键盘按键，并在数码管上显示相应的按键值。

③ 根据不同按键，播放不同的乐曲，在乐曲播放过程中，若按下其他任意键，将中断当前播放的乐曲，并播放刚才按下的键值所对应的乐曲。

(2) 实验原理。

实验电路如图 4.7、图 4.8 所示。8254 端口地址为 680H～686H，采用方式 3 产生周期性方波，输出数据给扬声器，驱动喇叭发音。由 8255A 通过动态扫描识别键盘按键，根据不同按键，播放不同频率的声音。

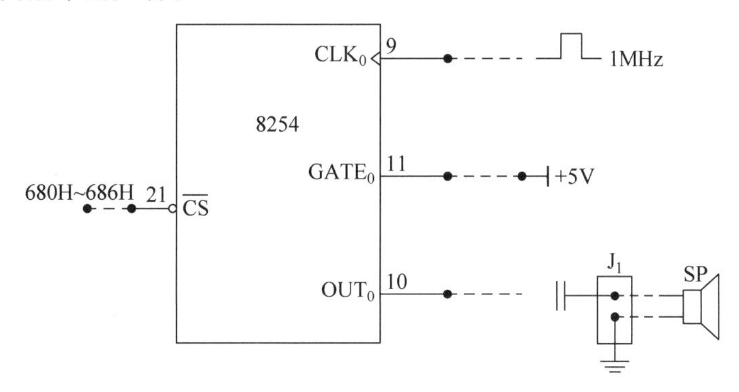

图 4.7　定时器电路

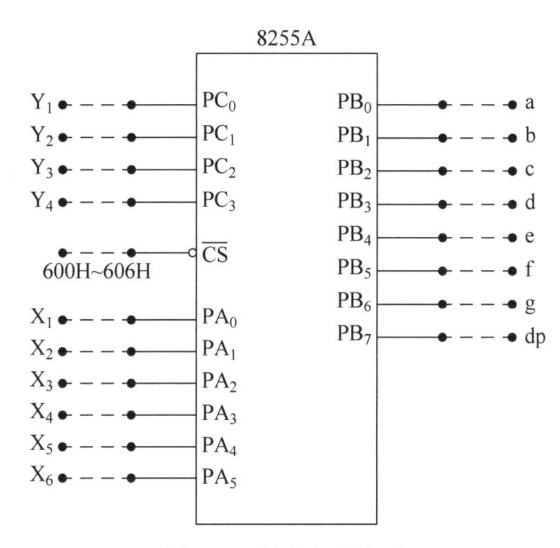

图 4.8　键盘扫描电路

说明：A 端口连接 X_1～X_6，为键盘的横向连接，同时选中 6 个 LED 灯，轮流显示所按键的键值(键值从左往右从上往下分别为 0～F)，C 端口连接 Y_1～Y_4，为键盘的纵向连接。B 端口连接七段数码管，用来显示所按键的键值。

(3) 编程提示。

① 对于音乐，每个音符都有确定的频率(各音阶值称为频率)，音符与频率对照如表 4.1 所示。一个音符对应一个频率，将对应一个音符频率的方波连到扬声器上，就可以发出这个音符的声音。将一段乐曲的音符对应频率的方波依次送到扬声器，就可以演奏出这段乐曲。

表 4.1 音符与频率对照/Hz

音调	音符						
	1̣	2̣	3̣	4̣	5̣	6̣	7̣
A	221	248	278	294	330	371	416
B	248	278	312	330	371	416	467
C	131	147	165	175	196	221	248
D	147	165	185	196	221	248	278
E	165	185	208	221	248	278	312
F	175	196	221	234	262	294	330
G	196	221	248	262	294	330	371
音调	音符						
	1	2	3	4	5	6	7
A	441	495	556	589	661	742	833
B	495	556	624	661	742	833	935
C	262	294	330	350	393	441	495
D	294	330	371	393	441	495	556
E	330	371	416	441	495	556	624
F	350	393	441	467	525	589	661
G	393	441	495	525	589	661	742
音调	音符						
	1̇	2̇	3̇	4̇	5̇	6̇	7̇
A	882	990	1112	1178	1322	1484	1665
B	990	1112	1248	1322	1484	1665	1869
C	525	589	661	700	786	882	990
D	589	661	742	786	882	990	1112
E	661	742	833	882	990	1112	1248
F	700	786	882	935	1049	1178	1322
G	786	882	990	1049	1178	1322	1484

8254 通道 0 设为方式 3,发声之前需向计数器写入计数初值。根据输入的计数初值不同即可得到不同声音的音乐。

② 通过动态扫描判断有无按键按下,如果有则判断键值,再根据键值选择对应的计数初值给 8254,使不同音符发声。

(4) 参考流程。

键盘扫描子程序和音乐播放子程序参考流程如图 4.9 所示。

3. 思考题

若要求从头到尾不断循环播放乐曲,如何处理?

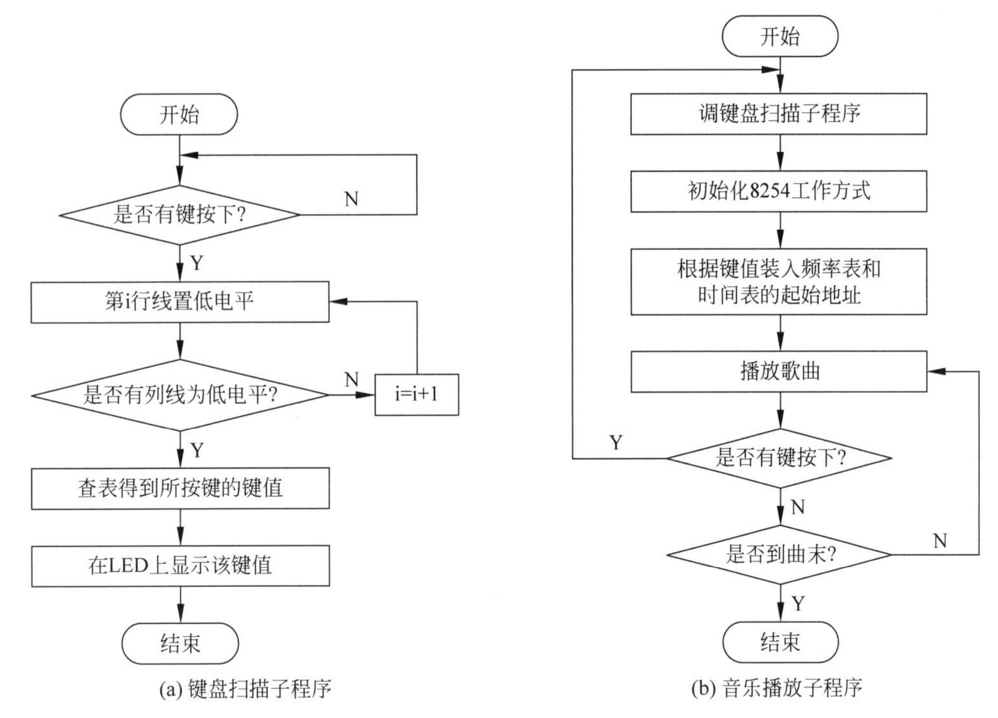

图 4.9　键盘扫描子程序和音乐播放子程序参考流程

4.3　交通灯控制

1. 设计目的

(1) 了解定时器的基本原理,掌握 8254 的使用方法。

(2) 掌握基于 8255A 的动态 LED 显示方法。

(3) 掌握 8259A 的使用方法。

(4) 掌握状态机的设计方法。

2. 设计内容

(1) 实验内容。

要求控制一个十字路口的交通灯,设定南北向、东西向交通灯显示时间一样。十字路口交通灯示意图如图 4.10 所示。

① 南北向绿灯亮,东西向红灯同时亮,25s 后南北向的绿灯闪烁 3 次,然后南北向黄灯亮 5s;东西向绿灯亮的同时南北向的红灯亮,25s 后东西向的绿灯闪烁 3 次,然后黄灯亮 5s,转南北向绿灯亮,如此反复。

② 数码管显示倒计时的值,要求与指示灯同步。

(2) 实验原理。

实验电路如图 4.11 和图 4.12 所示。8254 端口地址为 06C0H～06C6H,用于定时。由 8255A 控制读取时间显示到 LED 上,并根据时间切换状态。

说明:8255A 的 PA 口连接七段发光管,输出显示时间(当前状态的秒数)。

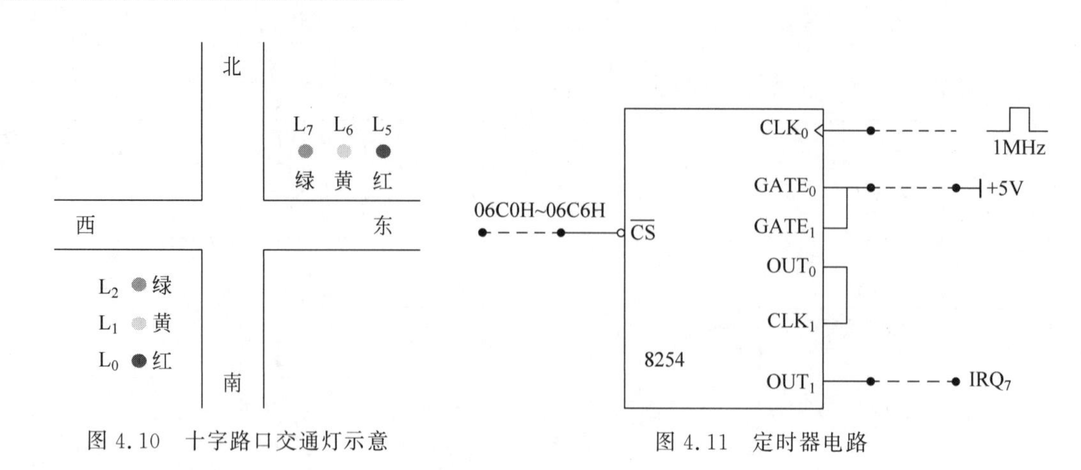

图 4.10 十字路口交通灯示意

图 4.11 定时器电路

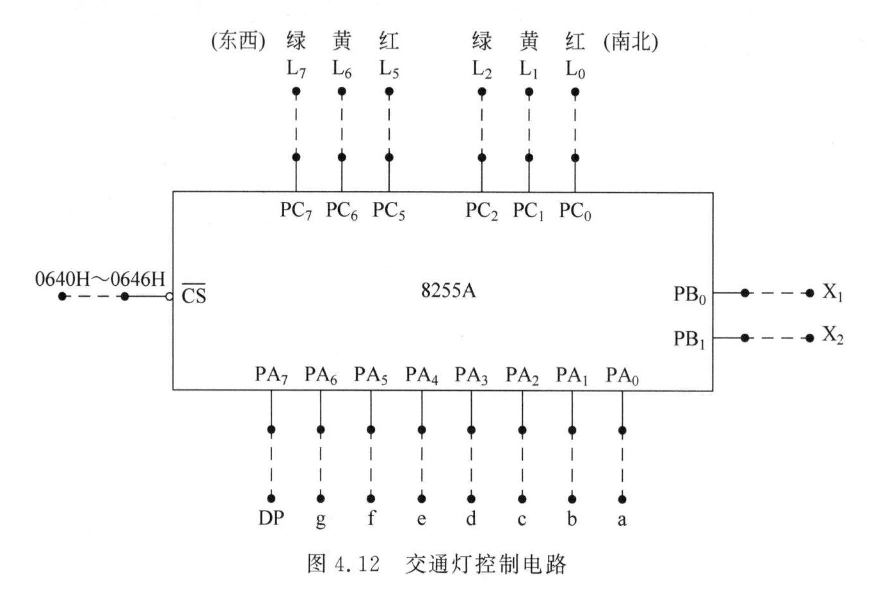

图 4.12 交通灯控制电路

PB 口的 PB_0、PB_1 连接 X_1、X_2,控制选择第一个和第二个七段 LED 显示器,显示时间值。

PC 口连接指示灯,其中 L_7、L_6、L_5(D_7、D_6、D_5)分别设定为东西向的绿灯、黄灯和红灯,L_2、L_1、L_0(D_2、D_1、D_0)分别设定为南北向的绿灯、黄灯和红灯。通过灯亮的不同情况显示不同的状态。

(3) 编程提示。

① 本设计使用单片 8259A 作为 8086 的中断控制器,中断源为 8254 通道 1 的输出端 OUT_1,接 8259A 的 IRQ_7 端,中断类型号为 15;采用边沿触发方式、非自动结束方式、非缓冲方式及一般完全嵌套方式。

② 主程序设计。

主程序中,包括中断向量的设置(中断类型号为 15,中断服务程序入口地址在中断向量表中的位置为 4×15=60),8259A、8255A、8254 的初始化。

③ 中断服务程序。

当 8255A 的 OUT_1 发出中断请求时,8086 将执行 IRQ_7 中断服务程序。本设计中,设

AH 为状态号，分别对应十字路口交通信号灯的 6 种状态，如表 4.2 所示，空白格表示暗。

表 4.2　十字路口交通信号灯状态

状态	类别					
	东西路口			南北路口		
	红	黄	绿	红	黄	绿
状态 0			亮	亮		
状态 1			闪烁	亮		
状态 2		亮		亮		
状态 3	亮					亮
状态 4	亮					闪烁
状态 5	亮				亮	

(4) 参考流程。

主程序流程如图 4.13 所示，中断服务程序流程如图 4.14 所示。

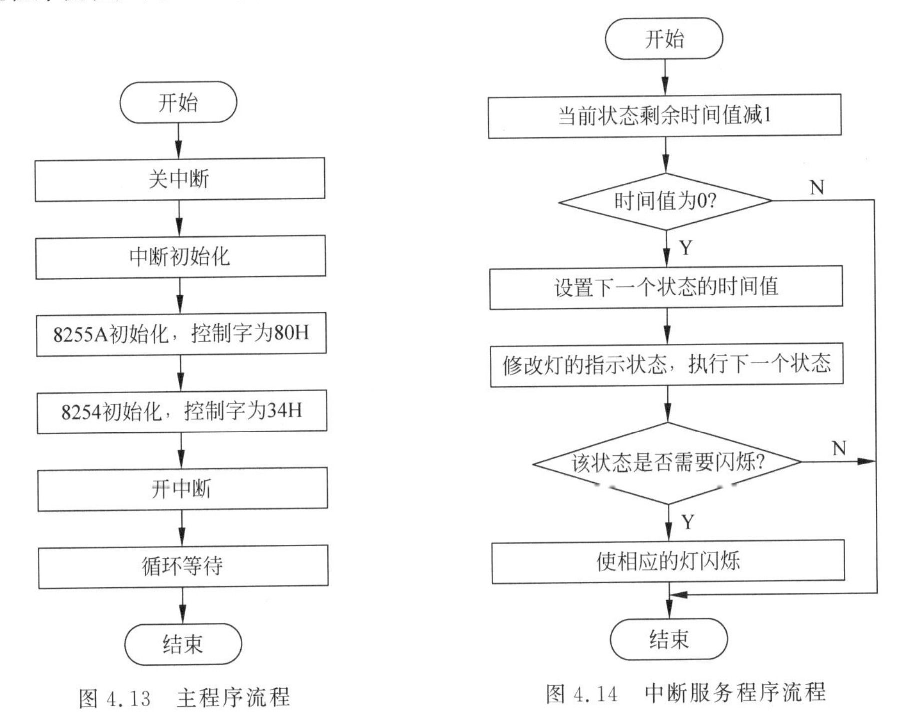

图 4.13　主程序流程　　图 4.14　中断服务程序流程

3. 思考题

若要求在黄灯亮 5s 后增加闪烁 3 次，如何编程?

4.4　步进电机控制

1. 设计目的

(1) 了解步进电机控制的基本原理。

(2) 掌握控制步进电机转动的编程方法。

2. 设计内容

(1) 实验要求。

利用开关电路实现对步进电机转速和转向的控制功能。用7个开关分别控制步进电机的7种转速,用1个开关控制步进电机的方向。

① 步进电机插头与实验台相连,利用8255A输出脉冲序列,控制步进电机的转速和方向。步进电机的转速由开关 K_0～K_6 控制,当 K_0～K_6 中某一开关为"1"时启动步进电机;方向由 K_7 控制,为"1"时电机正转,为"0"时反转。

② 把当前转速分别用数值"0"～"6"在最右边数码管上显示。

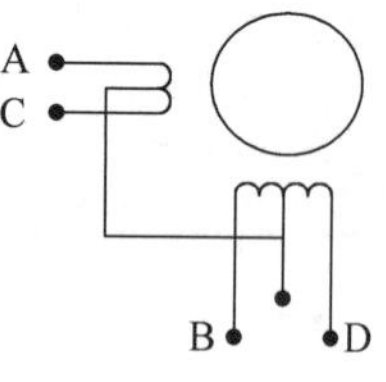

图4.15 电机示意

(2) 实验原理。

步进电机驱动原理是通过对每相线圈中的电流的顺序切换来使电机做步进式旋转,驱动电路由脉冲信号控制,所以调节脉冲信号的频率便可改变步进电机的转速。

如图4.15所示,实验使用的步进电机采用直流+5V电压,每相电流为0.16A,电机线圈由4相组成:φ1(A);φ2(B);φ3(C);φ4(D)。

驱动方式为二相激磁方式,4相4拍电机各线圈通电顺序如表4.3所示。

表4.3 线圈通电顺序

顺序	相			
	φ1	φ2	φ3	φ4
0	1	1	0	0
1	0	1	1	0
2	0	0	1	1
3	1	0	0	1

逆时针方向反转 ↕ 顺时针方向正转

表中首先向φ1φ2线圈输入驱动电流,接着向φ2φ3、φ3φ4、φ4φ1线圈输入驱动电流,再返回φ1φ2,如此往复,电机轴按顺时针方向正转;若改变线圈通电顺序,则逆时针方向反转。实验可通过不同长度的延时来得到不同频率的步进电机输入脉冲,从而得到多种步进速度。

注意:4相电机有两种运行方式,4相4拍运行方式即φ1φ2-φ2φ3-φ3φ4-φ4φ1-φ1φ2,4相8拍运行方式即φ1-φ1φ2-φ2-φ2φ3-φ3-φ3φ4-φ4-φ4φ1-φ1。

(3) 编程提示。

① 开关电路与8255A的端口C相连,PC_0～PC_7 接 K_0～K_7;端口A低4位接电机的4相,PA_0～PA_3 接φ1～φ4,七段LED数码管与8255A的端口B相连,PB_0～PB_7 接a～dp。实验电路如图4.16所示。

② 通过8255A的端口C读入开关状态,再通过端口A输出,控制电机。当 K_0～K_6 中某一开关为"1"时以对应的转速启动步进电机;当 K_7 为"1"时电机正转,为"0"时反转。

③ 把当前转速用对应数值在最右边数码管上显示时,需要使数码管的位码有效。

(4) 参考流程。

参考流程如图4.17所示,LED数码管显示转速部分自行思考。

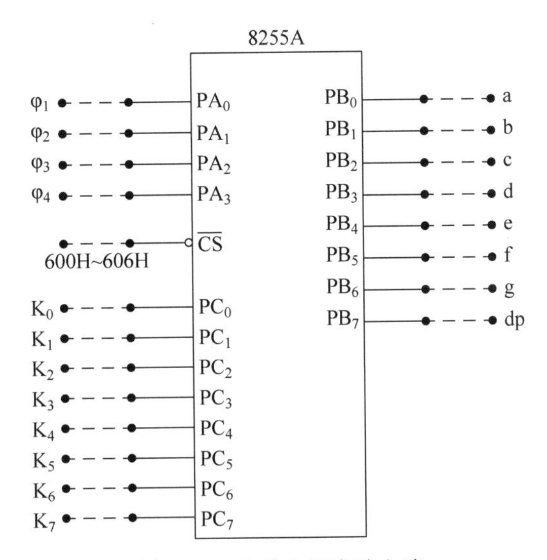

图 4.16　步进电机实验电路

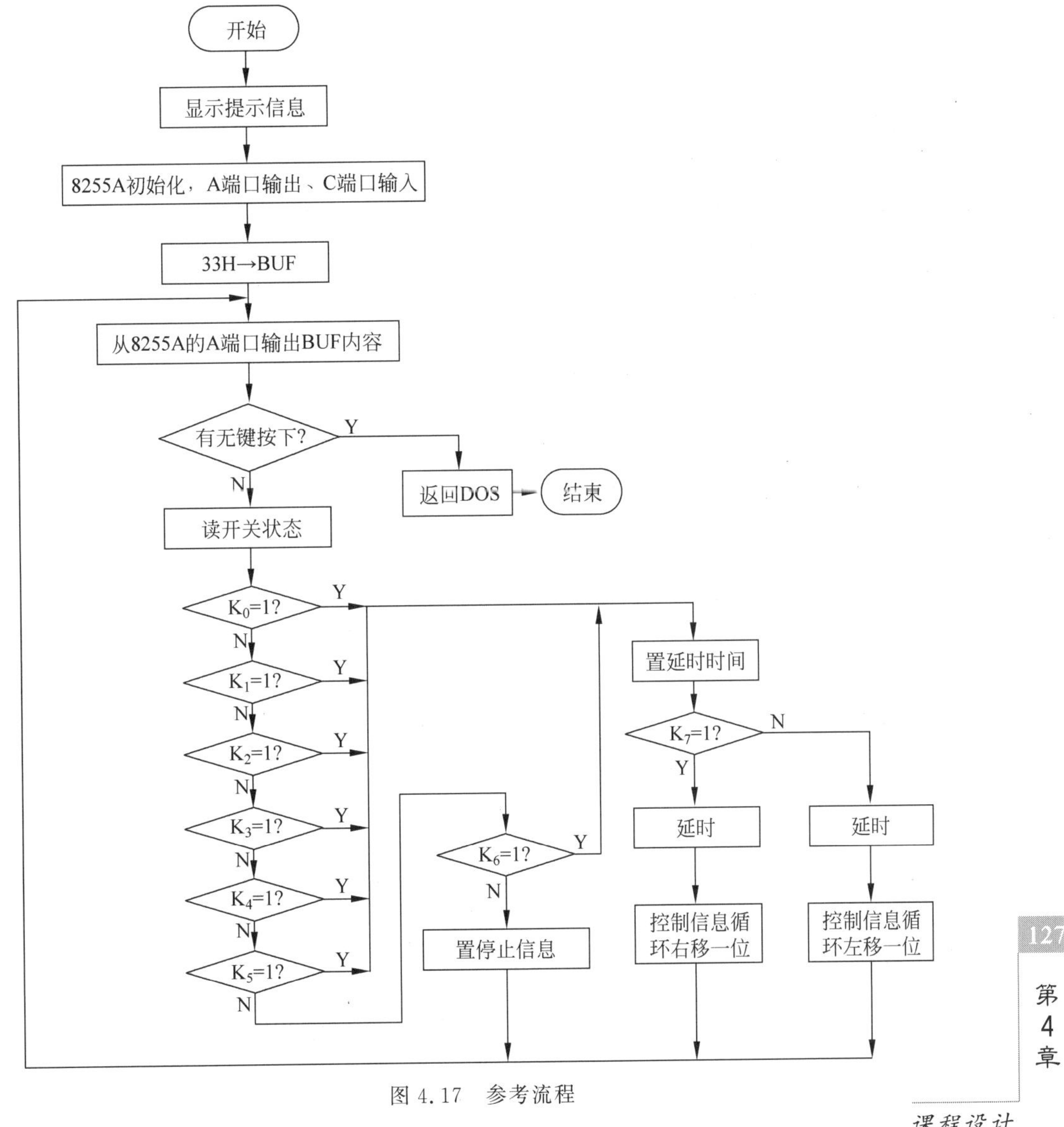

图 4.17　参考流程

3. 思考题

(1) 本实验中 8255A 的 PA_0 ~ PA_3 接 BA~BD,若换成 PA_4 ~ PA_7,程序实现有何不同?

(2) 把当前转向分别用数值"0""1"在最右边数码管上显示,如何编程?

(3) 若实验系统采用的步进电机为 4 相 8 拍电机,如何编程?

附录 A

A.1 习题参考答案

A.1.1 微型计算机基础

1. 选择题。

(1) B　(2) A　(3) B　(4) C　(5) D　(6) B　(7) A　(8) D

(9) D　(10) D　(11) B　(12) D　(13) D　(14) D　(15) B　(16) D

(17) B　(18) B　(19) B　(20) C　(21) C　(22) C　(23) C　(24) D

2. 填空题。

(1) 系统　应用

(2) 总线

(3) 00　11

(4) －128～＋127

(5) 0～2^{16}－1

(6) 01100111

(7) 32H 35H 35H　00000010 01010101B　0FFH

(8) 地址总线　数据总线

(9) CPU

(10) 数据

(11) CPU

(12) 内存

3.

(1) 111 1100.101B=7C.AH

(2) 10 0111 1011.000011B=27B.0CH

(3) 1 0010 1101.1011B=12D.BH

(4) 1111 0100 0110B=F46H

4. 1101.101B=13.625D、2AE.4H=686.25D、42.57Q=34.734375D

5.

(1) $[+127]_{原}=[+127]_{反}=[+127]_{补}=01111111$

(2) $[-127]_{原}=11111111$　$[-127]_{反}=10000000$　$[-127]_{补}=10000001$

(3) $[+66]_{原}=[+66]_{反}=[+66]_{补}=01000010$

(4) $[-66]_{原}=11000010$　$[-66]_{反}=10111101$　$[-66]_{补}=10111110$

6.

(1) 定点整数的表示范围为$-2^{15} \sim 2^{15}-1$。

(2) 定点小数的表示范围为$-1 \sim 1-2^{-15}$。

7.

(1) 42H　(2) 68H　(3) 20H　(4) 35H　(5) 24H　(6) 0DH

(7) 0AH　(8) 2AH　(9) 48H　65H　6CH　6CH　6FH

8. 微处理器简称为MP(Micro Processor)或CPU,是指由一片或几片大规模集成电路组成的具有运算和控制功能的中央处理单元。微处理器主要由运算器、控制器、寄存器组成,是微型计算机的主要组成部分。

微型计算机简称为MC(Micro Computer)。以微处理器为核心,再配上一定容量的存储器(RAM、ROM)和输入输出接口电路,这三部分通过外部总线连接起来,便组成了一台微型计算机。

微型计算机系统简称为MCS(Micro Computer System)。以微型计算机为核心,再配备以相应的外围设备、辅助电路和电源(统称硬件),以及指挥微型计算机工作的系统软件,便构成了一个完整的计算机系统。

9. 数据总线的特点是双向三态,其总线位数决定CPU与外部一次传输的位数。地址总线的特点是单向三态,其总线位数决定CPU对外部寻址的范围。

10.

(1) 字长:计算机内部一次可以处理的二进制数的位数。字长越长,计算机所能表示的数据精度越高,在完成同样精度的运算时数据的处理速度越高。在微型计算机中,通用寄存器的位数、ALU的位数、CPU内部数据总线的位数一般等于字长的位数,而外部数据总线的位数取决于系统总线的宽度。字长一般是字节的整数倍,通常由硬件直接实现运算的字长称为基本字长。

(2) 存储容量:衡量计算机主存储器能存储二进制信息量大小的一个重要指标。主存储容量反映了主存储器的数据处理能力,存储容量越大,其处理数据的范围就越大,并且运算速度一般也越快。微型计算机中通常以字节为单位表示存储容量。

(3) 运算速度:计算机的运算速度以每秒能执行的指令条数来表示。

(4) 时钟频率:又称为系统主频,指微处理器在单位时间(秒)内发出的脉冲数。

A.1.2 16位和32位微处理器

1. 选择题。

(1) C　(2) C　(3) D　(4) B　(5) A　(6) C　(7) C　(8) B

(9) D　(10) B　(11) B　(12) A　(13) B　(14) B　(15) A

2. 填空题。

(1) BIU　EU

(2) SS

(3) 800

(4) $MN/\overline{MX}$

(5) 8288

(6) 3

(7) 状态　控制

(8) IF　DF　TF

(9) 空闲

(10) FFFF0H

(11) 20　高 4 位　状态

(12) $M/\overline{IO}$　$\overline{RD}$　$\overline{WR}$　$\overline{DEN}$　$DT/\overline{R}$

(13) 高　低

(14) 高电平　低电平　高阻态

3.

(1) 4DH,CF=1,OF=0,ZF=0,SF=0

(2) 0C5H,CF=0,OF=1,ZF=0,SF=1

(3) 0EDH,CF=0,OF=0,ZF=0,SF=1

(4) 0D1H,CF=1,OF=0,ZF=0,SF=1

4. (1) 2314H；0035H；23175H　(2) 1FD0H；000AH；1FD0AH

5. 8086 指令存放在 CS 段中,指令的段内偏移地址由 IP 提供。所以,下一条指令的物理地址为 CS×16+IP。

6. 由于存储器的容量为 2KB,故其地址范围为 000H：7FFH。起始逻辑地址为 2000H：3000H,则首地址的物理地址为 2000H×16+3000H=23000H,末地址的物理地址为 2000H×16+3000H+7FFH=237FFH。该存储器物理地址的范围为 23000H～237FFH。

7. 8086 的复位信号是输入 8086 CPU 的一个控制信号,符号为 RESET,高电平有效。通常它与 8284(时钟发生器)相连。当 RESET 信号有效(需保持 $4T$ 高电平),8086 处于初始化状态。此时,14 个 16 位寄存器除 CS 为 FFFFH 外全部清 0,指令队列清空。

8. 标志寄存器中的控制位有 3 个。

方向标志 DF——决定字符串操作时地址修改的方向。

中断允许标志 IF——表示 CPU 是否允许响应外部可屏蔽中断。

陷阱标志 TF——决定 CPU 是否在每条指令执行完自动产生一个内部中断。

9.

(1) 8086/8088 总线周期一般包括 4 个时钟周期(T_1～T_4)。若外设在 T_3 的前沿之前数据不能准备好,则需插入 T_W。因此,该总线周期共包含 6 个状态周期(4 个 T 状态和 2 个 T_W 状态)。

因为 8088 的时钟频率为 5MHz,所以,总线周期=6×时钟周期=$6\times0.2\times10^{-6}$s=1.2×10^{-6}s =1.2μs。

(2) 通常,在总线周期的 T_3 要检测 READY 信号,以决定外设是否准备好。若 READY 无效,则在 T_3 之后不进入 T_4 周期,而插入 T_W 周期,在 T_W 中也要检测 READY 信号,以决定是否再插入 T_W 还是进入 T_4 周期。因为总线周期中包含 2 个 T_W 等待周期,也就是说在第一个 T_W 检测 READY 时,READY 无效,而在第二个 T_W 检测 READY 时,

READY 信号有效。所以,该总线周期内共对 READY 信号检测了3次。

10.

(1) 8086是真正的16位微处理器,有16条地址/数据复用线 $AD_{15} \sim AD_0$,而8088是准16位微处理器,它的内部运算为16位,而数据输出仅有8条地址/数据复用线 $AD_7 \sim AD_0$。

(2) 8086把1MB的存储空间分为两个512KB,有奇偶地址之分,分别由 $\overline{BHE}$ 信号和 A_0 信号作为选择线,而8088无 $\overline{BHE}$ 引脚,因此1MB的存储空间不划分奇偶。

(3) 8086的存储器/IO控制线为 $M/\overline{IO}$,而8088的为 $IO/\overline{M}$。

(4) 8086的指令队列为6字节,而8088的指令队列为4字节。

11. 8086/8088 CPU 由 BIU 和 EU 两部分组成。BIU 是8086/8088微处理器的总线接口部件,EU 是8086/8088微处理器的执行部件。

BIU 的功能是使8086/8088微处理器与存储器或 I/O 接口电路进行数据交换,具体来说,BIU 负责从内存的指定部分取出指令,送到指令队列中排队;执行指令时所需的操作数,也由 BIU 从内存的指定区域中取出,送给 EU 部分执行。

BIU 主要包括 CS、DS、SS、ES 4个段寄存器,指令指针 IP,指令队列等。

EU 的功能是负责指令的执行。主要包括逻辑运算单元 ALU,寄存器 AX、BX、CX、DX,堆栈指针 SP,寄存器 BP、SI、DI,标志寄存器 FLAGS 等。

12. 8086 CPU 由于引脚数量少,其地址总线采用了分时复用的双重总线($A_{19}/S_6 \sim A_{16}/S_3$ 和 $AD_{15} \sim AD_0$ 等),仅在总线周期的 T_1 时钟周期输出地址信号,而在整个总线周期中地址信号需保持不变,这就需用地址锁存器将 T_1 周期发出的地址信号锁存起来以便在整个总线周期中都能使用,因此8086 CPU 在 T_1 周期提供地址锁存允许信号 ALE(正脉冲),用 ALE 的下降沿将地址信息锁存在地址锁存器中。

13.

(1) 非屏蔽中断 NMI 不受中断允许标志 IF 的影响,而可屏蔽中断 INTR 只有在 IF=1 时才能响应。

(2) 非屏蔽中断 NMI 响应时无须读取中断类型码,而可屏蔽中断 INTR 响应时需先读取中断类型码。

14. 8086/8088 CPU 中指令队列的功能是完成指令的流水线操作,其操作原则为先进后出。BIU 单元经总线从存储器中读取指令后存入指令队列缓冲器,EU 单元从指令队列缓冲器中获取先存入的指令并执行。在 EU 执行指令的同时 BIU 可以继续取指令,由此实现取指令和执行指令的同时操作,提高了 CPU 的效率。

15. 8086/8088 CPU 中通过控制线 $\overline{DEN}$、$DT/\overline{R}$ 提供其数据传输及数据流方向信息。在用8086/8088 CPU 构成系统时,可用控制线 $\overline{DEN}$、$DT/\overline{R}$ 完成对双向数据缓冲器芯片的控制。当 $\overline{DEN}$ 为0时,数据缓冲器片选有效。控制线 $DT/\overline{R}$ 的作用是控制数据缓冲器中数据传送方向,当 $DT/\overline{R}$ 为0时,数据从数据总线上流入 CPU;当 $DT/\overline{R}$ 为1时,CPU 经数据总线流出数据。

16. 所谓空闲状态是指总线接口部件 BIU 不和总线交换信息的状态。当 BIU 需要补充指令队列流的空缺或当 EU 执行指令过程中需经外部总线与存储器或 I/O 接口之间进行信息传输时,CPU 才执行总线周期。在不执行总线周期时,依然存在时钟周期,没有总线活动的周期被称为总线空闲周期 T_i。

17. 时钟发生器 8284 的作用是为 8086/8088 CPU 提供频率恒定的时钟信号，同时提供复位信号发生电路和“准备好”信号控制电路。复位信号发生电路提供系统复位信号 RESET，“准备好”信号控制电路用于对存储器或 I/O 接口产生的“准备好”信号 READY 进行同步。

18. 8086 为 16 位 CPU，8086 有 16 条数据线、20 条地址线，可直接寻址的内存空间为 1MB，8086 只有实地址方式，支持单任务、单用户系统；80286 为增强型 16 位 CPU，有 16 条数据线、24 条地址线，可直接寻址的内存空间为 16MB，80286 有实地址方式和保护地址方式两种，能可靠地支持多用户和多任务系统；80386 为 32 位 CPU，有 32 条数据线、32 条地址线，可直接寻址的内存空间为 4GB，其寄存器结构除段寄存器外都是 32 位寄存器，80386 有三种存储器地址空间，即逻辑地址、线性地址和物理地址，80386 有三种工作方式：实方式、保护方式、虚拟 8086 方式。

A.1.3 16 位和 32 位指令系统

1. 选择题。

(1) B (2) C (3) B (4) B (5) B (6) A (7) A (8) D
(9) C (10) C (11) C (12) D (13) C (14) B (15) D (16) D
(17) B (18) A (19) C (20) D (21) D (22) C (23) D (24) B
(25) D (26) B (27) B

2. 填空题。

(1) LEA BX,DATA
(2) NEG BX
(3) XOR AL,03H
(4) 00FFH
(5) 21102H
(6) 16
(7) 2222H
(8) 0FFH 0FFH
(9) 8DH 00H 0000H
(10) 7 0FFFCH
(11) 0FFFFH 8F70H 1 0 0 0 0
(12) 2300H

3.

(1) 直接寻址，其物理地址＝2000H×16＋0100H＝20100H
(2) 立即寻址
(3) 寄存器间接寻址，其物理地址＝3000H×16＋00B0H＝300B0H
(4) 寄存器间接寻址，其物理地址＝1500H×16＋0020H＝15020H
(5) 基址变址寻址，其物理地址＝2000H×16＋1000H＋00B0H＝210B0H
(6) 寄存器寻址

(7) 基址变址寻址,其物理地址=2000H×16+1000H+00B0H+3=210B3H

(8) 变址寻址,其物理地址=2000H×16+1000H+14H=21014H

4. 物理地址=3017H×16+000AH=3017AH

```
MOV  AX,3017H
MOV  DS,AX
MOV  AL,[000AH]
```

或:
```
MOV  BX,000AH
MOV  AL,[BX]        ;对 DS 赋值同上
```

5.

(1) MOV AX,BL;错,操作数类型不匹配

(2) MOV AL,[SI];对

(3) MOV AX,[SI];对

(4) PUSH CL;错,压栈动作必须以字为单位

(5) MOV DS,3000H;错,不能向段寄存器送立即数

(6) SUB 3[SI][DI],BX;错,不能同时使用两个变址寄存器

(7) DIV 10;错,除法指令的源操作数不能为立即数

(8) MOV AL,ABH;错,ABH 前面没有加前导 0

(9) MOV BX,OFFSET [SI];错,OFFSET 算符后必须跟地址表达式

(10) POP CS;错,不能向 CS 中传送数据

(11) MOV AX,[CX];错,CX 不能做间址寄存器

(12) MOV [SI],ES:[DI+8];错,两操作数不能同时为存储器操作数

(13) IN 255H,AL;错,端口地址大于 255

(14) ROL DX,4;错,移位次数大于 1,必须放 CL

(15) MOV BYTE PTR [DI],1000;错,操作数长度不匹配

(16) OUT BX,AL;错,应该用 DX 存放端口地址

(17) MOV SP,SS:DATA_WORD[BX][SI];对

(18) LEA DS,35[DI];错,目的操作数必须是 16 位通用寄存器

(19) MOV ES,DS;错,段寄存器之间不能直接传送

(20) PUSH F;错,格式错误,应为 PUSHF

6.

(1) (AX)=1200H

(2) (AX)=(DS:[1200H])=(11200H)=7AH

(3) (AX)=(DS:[SI])=(10050H)=3BH

(4) (AX)= 050AH OR (DS:[2A80H+0050H])=050AH OR (12AD0H)= 050AH OR 0B5A3H = 0B5ABH

(5) (AX)=(DS:[2A80H+50H])=(12BD0H)=0B5A3H

7.

堆栈物理地址	内容
0927CH	78H
0927DH	56H

0927EH 34H
0927FH 12H
SP=002CH

8.

(1) CF=0 SF=1 ZF=0 OF=0 AF=1 PF=1
(2) CF=1 SF=1 ZF=0 OF=1 AF=0 PF=0
(3) CF=0 SF=0 ZF=0 OF=0 AF=0 PF=0
(4) CF=0 SF=1 ZF=0 OF=0 AF=0 PF=0
(5) CF=0 SF=1 ZF=0 OF=0 AF=0 PF=1

9. (AX)=4860H CF=1
10. (AX)=3520H CF=0
11. (AX)=0FFF0H (IP)=000FH
12. HCOD 和 HCOD+1 两字节单元内容分别为 31H、41H。
13. Z=0A0H；程序的功能为求(X+Y)/2，结果存放于 Z 单元中。
14. (AL)=125 (BL)=100
15. (AL)=0FEH CF=0
16. (CL)=3 CF=0
17. 由于字符串中包含"N"，故程序运行到 NEXT 时，ZF=1；(CX)=7。
18. 全是 01H
19. 6000H、1
20. ADD AL,07H

A.1.4 汇编语言程序设计

1. 选择题。

(1) C (2) C (3) D (4) D (5) A (6) ① B ② B ③ D
(7) ① D ② A ③ B (8) C (9) D (10) A

2. 填空题。

(1) 编译
(2) 机器语言
(3) 标号
(4) 汇编程序
(5) BUF 的段基址
(6) 0AH
(7) 寻址方式
(8) 6378H 0001H
(9) 120
(10) 03AAH

3. CNT1=12
CNT2=8

整个定义所占字节数为50。

4. 该程序段的前5句为一串操作,将BUF+9字节单元的内容复制到BUF+10字节单元,再将BUF+8字节单元的内容复制到BUF+9字节单元,如此操作10次,则BUF开始的字节单元内容变为1、1、2、3、4、5、6、7、8、9、10。

故执行程序段后,(AX)=0101H,(CX)=0。

5. 堆栈段段基址为21F0H;栈顶的物理地址=21F0H×16+ FFEEH=31EEEH。

6. (AX)=40H

7. (AX)=FF65H　(DX)=0021H

8. (1)3004H单元中的内容为16H。(2)(BX)=3004H、CF=0。

9. 1　1　10　20　1

10. (AX)= 0003H,(BX)= 0007H,(CX)= 0002H,(DX)= 0000H

11. ①BCDBUF　②SHR　③30H　④AND　AL,0FH　⑤ADD　AL,30H

12. 参考程序如下。

```
DSEG     SEGMENT
WEEK     DB 'MON','TUE','WED','THU','FRI','SAT','SUN'
DAY      DB  2
DSEG     ENDS
SSEG     SEGMENT  STACK
STK      DB 100 DUP(?)
SSEG     ENDS
CSEG     SEGMENT
ASSUME   CS: CSEG,DS:DSEG,SS:SSEG
START:    MOV     AX,DSEG
          MOV     DS,AX
          MOV     AL,DAY
          DEC     AL
          MOV     CL,3
          MUL     CL
          MOV     BX,OFFSET WEEK
          ADD     BX,AX
          MOV     CX,3
LP:       MOV     AH,2
          MOV     DL,[BX]
          INT     21H
          INC     BX
          LOOP    LP
          MOV     AH,4CH
          INT     21H
CSEG      ENDS
          END     START
```

13. ①AL　② NEG　AL　③ XLAT

14. 参考程序如下。

```
DSEG     SEGMENT
DATA     DW  4321H,7658H,9B00H
MIN      DW ?
DSEG     ENDS
SSEG     SEGMENT STACK
```

```
DB       100  DUP(?)
SSEG     ENDS
CSEG     SEGMENT
ASSUME   CS:CSEG,DS:DSEG,SS:SSEG
START:   MOV     AX,DSEG
         MOV     DS,AX
         LEA     SI,DATA
         MOV     AX,[SI]
         MOV     BX,[SI+2]
         CMP     AX,BX
         JC      NEXT
         MOV     AX,BX
NEXT:    CMP     AX,[SI+4]
         JC      DONE
         MOV     AX,[SI+4]
DONE:    MOV     MIN,AX
         MOV     AH,4CH
         INT     21H
CSEG     ENDS
END      START
```

15. 参考程序如下。

子程序名：ATBC

入口参数：BX——存放待转换的 ASCII 码串的偏移地址；SI——存放转换后的 BCD 码串的偏移地址；CX——ASCII 码串中字符数。

出口参数：SI——存放转换后的 BCD 码串的偏移地址。

```
       ATBC    PROC
       PUSH    AX
       ADD     BX,CX
LOPA:  DEC     BX
       MOV     AL,[BX]
       AND     AL, 0FH
       MOV     [SI],AL
       INC     SI
       LOOP    LOPA
       POP     AX
       RET
       ATBC    ENDP
```

16. 参考程序如下。

```
       DSEG    SEGMENT
       PROG    DB  'I AM Amp  SAAS ASLKSA AMSDSAASMMASSAM',1AH
       NUM     DW 0
       DSEG    ENDS
       SSEG    SEGMENT  STACK
       STK     DB  100  DUP (?)
       SSEG    ENDS
       CSEG    SEGMENT
       ASSUME  DS:DSEG,SS:SSEG,CS:CSEG
START: MOV     AX,DSEG
       MOV     DS,AX
       MOV     AX,0
```

```
        MOV     SI,OFFSET PROG
LOPA:   CMP     [SI],BYTE PTR 1AH
        JE      EXIT
        CMP     [SI],BYTE PTR 'A'
        JNE     NEXT
        CMP     [SI],BYTE PTR 'M'
        JNE     NEXT
        INC     AX
        INC     SI
NEXT:   INC     SI
        JMP     LOPA
EXIT:   MOV     NUM,AX
        MOV     AH,4CH
        INT     21H
CSEG    ENDS
        END     START
```

17. (AH)=5　(AL)=6

18.

(1) 将 NUM1+200 开始的 100 个数传送到 NUM2 开始的单元中。

(2) 0064H　0000H　0000H

19.

(1) 从小到大排序

(2) 60H

(3) 改为从大到小排列

20. ① DEC CX　② JNC　③ JZ(或 JE)

A.1.5　存储器

1. 选择题。

(1) D　(2) D　(3) C　(4) B　(5) B　(6) A　(7) A　(8) A

(9) A　(10) B　(11) C　(12) D　(13) A

2. 填空题。

(1) 磁介质　半导体

(2) EPROM　EEPROM

(3) 程序　数据

(4) RAM　ROM

(5) 64KB　16　20

(6) $\overline{BHE}$

(7) 1024

(8) 1

(9) 刷新

3. 半导体随机存取存储器有静态随机存取存储器和动态存取存储器两种。

(1) 静态随机存储器通常是 6 管结构,无须刷新,存取速度快,但集成度不高。

(2) 动态随机存储器通常是单管结构,需刷新,集成度高,但存取速度较慢。

4. 只读存储器 ROM 是用户在使用时只能读出，不能更改的存储器，它分为以下几种。

(1) 掩模 ROM，信息由制造厂家生产时一次写入。

(2) PROM，用户可自行写入信息，但不能更改。

(3) EPROM，用户可多次采用紫外线擦除可编程的 ROM。

(4) EEPROM，用户可多次擦除可编程的 ROM，只是擦除方式是电擦除。

5. 应考虑以下几方面。

(1) CPU 的负载能力。

(2) CPU 与存储器间的速度匹配问题。

(3) 各种信号线的连接，包括数据线、地址线、控制线。

(4) 存储器的地址分配及片选信号的产生。

6.

(1) 线选法(线译码)，把高位地址线直接作为片选控制线，存在大量的地址重叠。

(2) 部分译码法，高位剩余地址的部分地址线通过译码，产生存储器片选控制信号，它也存在一定的地址重叠。

(3) 全译码法，高位剩余地址的全部地址线参加译码，产生存储器片选控制信号，存储单元有唯一的地址，无地址重叠。

7. 8088 是准 16 位机，外部数据线为 8 位，所以对存储器进行字访问时，只能一个总线周期访问一字节，需两个总线周期访问一个字。

8086 对存储器进行字访问时，分为两种情形：对于"未对准的"字，和 8088 类似，需两个总线周期访问一个字；对于"对准的"字，只需一个总线周期访问一个字。

8.

(1) 存储器有 15 位地址和 16 位字长，其存储单元的个数为 2^{15}=32K，存储器的容量为 32K×16 位。所以，该存储器能存储的信息总量为 32K×16/8B=32K×2B=64KB。

(2) 所需的 RAM 芯片的数目=32K×16/(2K×4)=64(片)。

用 2K×4 位的 RAM 芯片扩展成 32K×16 位存储器，需进行字位同时扩展。因为每 4 片的 2K×4 位进行位扩展才能构成 2K×16 位。因此，进行字扩展的就有 64/4=16(组)，而字扩展要求为每组分配不同的片选信号，即要求有 16 个不同的片选信号，所以，需 4(2^4=16)位地址进行芯片选择。一般片选信号是由高位地址线译码产生的。

9. 因为片内地址为 A_{11}～A_0，共 12 位，所以此芯片的容量为 2^{12}×8B=4KB。由译码电路可得出 $A_{15}=0$，$A_{14}=1$，$A_{13}=0$，$A_{12}=1$ 时，片选信号有效。

所以地址空间的范围是 5000H～5FFFH。

10. 2732 EPROM 容量为 4KB，12KB/4KB=3 片。2732 地址线 12 根 A_{11}～A_0，高位地址 A_{19}～A_{12} 采用全译码。用一片 74LS138，C、B、A 分别接 A_{14}、A_{13}、A_{12}，A_{19}～A_{15} 可以通过或门接 74LS138 的 $\overline{G}_{2A}$。3 片 2732 的片选 $\overline{CS}$ 接 74LS138 的 $\overline{Y}_0$、$\overline{Y}_1$、$\overline{Y}_2$，地址分别为(00000H～00FFFH)、(01000H～01FFFH)、(02000H～02FFFH)。

6116 RAM 容量为 2KB，8KB/2KB=4 片。6116 地址线 11 根 A_{10}～A_0，高位地址 A_{19}～A_{11} 采用全译码。6116 译码电路在 2732 的译码电路基础上增加了对 A_{11} 的译码。具体为用上述 74LS138 的 $\overline{Y}_3$ 和 A_{11} 通过或门接一片 6116 的片选 $\overline{CS}$，该片 6116 地址为

(03000H～037FFH)；用74LS138的 $\overline{Y}_3$ 和 $\overline{A}_{11}$ 通过或门接一片6116的片选 $\overline{CS}$,该片地址为03800H～03FFFH；用74LS138的 $\overline{Y}_4$ 和 A_{11} 通过或门接一片6116的片选 $\overline{CS}$,该片地址为04000H～047FFH；用74LS138的 $\overline{Y}_4$ 和 $\overline{A}_{11}$ 通过或门接一片6116的片选 $\overline{CS}$,该片地址为04800H～04FFFH。

11. U_1 的容量为4KB,U_2、U_3 的容量为1KB,存储器的总容量6KB。U_1 的地址范围分别为地址02000H～03FFFH的偶数地址,U_2 的地址范围分别为地址04000H～047FFH的偶数地址,U_3 的地址范围分别为地址04800H～04FFFH的偶数地址。

12. U_1、U_2 类型为RAM,容量为16KB；U_3、U_4 类型为ROM,容量为8KB；U_1、U_3 为偶存储体；U_2、U_4 为奇存储体；U_1、U_2 的地址范围为A0000H～A7FFFH；U_3、U_4 的地址范围为A8000H～AAFFFH。

A.1.6 输入输出与中断

1. 选择题。

(1) A　(2) B　(3) D　(4) A　(5) B　(6) C　(7) B　(8) D
(9) C　(10) B　(11) C　(12) A　(13) C　(14) A　(15) A　(16) C
(17) D　(18) A　(19) C　(20) D　(21) A

2. 填空题。

(1) 条件查询
(2) 控制信息　数据
(3) 4
(4) 256
(5) 46541H
(6) IN、外设状态信息
(7) 开中断　更高
(8) 3
(9) 高
(10) 中断类型　软件
(11) 60　IR_6
(12) 低　低　高

3. I/O端口的编址方式有独立编址和统一编址。

独立编址：存储器和I/O端口在两个不同的地址空间,访问I/O端口用专门的IN和OUT指令。

统一编址：存储器和I/O端口共用统一的地址空间,访问存储器的指令就可以访问I/O端口,无须专门的I/O指令。

4. CPU和外设之间的接口信息有3种,它们是数据信息、状态信息和控制信息。

(1) 数据信息,可以有数据量、模拟量、开关量三种类型。

(2) 状态信息,表示外设当前所处的工作状态,如READY、BUSY。

(3) 控制信息,由CPU发出,用于控制I/O端口的工作方式及外设启动和停止的信息。

5. CPU与外设之间传送数据有4种方式：无条件传送、查询传送方式、中断传送方式、

DMA 方式。

无条件传送方式：其特点是硬件和软件简单，但这种方式必须已知且确信外设已准备好的情况下才能使用，否则就会出错，要求 CPU 与外设是同步工作的。

查询传送方式：在数据传送前必须查询外设的状态，当外设准备好后才能传送数据；未准备好，CPU 则等待。这种方式保证了数据的准确传送，但当外设没有准备好时，CPU 要等待，不能进行其他操作，这样就浪费了 CPU 的时间，降低了 CPU 的效率。

中断传送方式：当外设向 CPU 发出中断申请时，CPU 暂停正在执行的程序，转去执行中断服务，待服务程序执行完后即返回断点处，继续执行原程序。中断传送方式大大提高了 CPU 的效率。

DMA 方式：由专门的硬件（即 DMA 控制器）控制数据在外设与内存之间进行直接数据交换而不通过 CPU，这样数据传送的速度上限就取决于存储器的工作速度。

6. 用于外设的定时是固定的且已知的场合，外设必须在微处理器限定的指令时间内准备就绪，并完成数据的传送。它是最简便的传送方式，所需的硬件和软件都较少，传送速度较快。

7. 当 CPU 内部或外部因某种事件发生需要处理时，向 CPU 提出申请，CPU 就暂时中断当前的工作，转去执行请求中断的那个事件的服务程序，待服务程序执行完后，立即返回被暂时中断了的程序，并从断点处继续向下执行，这一过程称为中断。实现这种功能的部件称为中断系统。产生中断的请求源称为中断源。

中断的处理过程如下。

（1）保护现场；

（2）开中断；

（3）中断服务；

（4）关中断；

（5）恢复现场；

（6）开中断返回。

8. 8086/8088 的中断共分为两种：软件中断（内部中断）和硬件中断（外部中断）。

软件中断是由指令的执行所引起的，包括以下情况：除法出错中断、单步中断、INTO 溢出中断、中断指令 INT n。

硬件中断是由 CPU 外部请求所引起的中断，有两条外部请求输入线：非屏蔽中断 NMI 和可屏蔽中断 INTR。

9. 8086/8088 中各类中断的优先级由高到低的顺序是：除法出错中断、INTO 溢出中断、中断指令 INT n → NMI → INTR→ 单步中断。

10.

（1）该中断请求持续时间太短；

（2）CPU 未能在当前指令周期的最后一个时钟周期采样到中断请求信号；

（3）CPU 处于关中断状态；

（4）该中断级被屏蔽。

11. 可以容纳 256 个中断向量。中断向量表指针是 13H×4=004CH。

由于 CS=0F000H，IP=0EC59H，故中断服务程序入口地址为 0FEC59H。

12. 堆栈的物理地址为3311EH。

(SP)=4AH、(SP+1)=22H、IP=(00101H)(00100H)。

13. 参考程序如下。

(1) 利用MOV指令设置中断向量。

```
⋮
MOV  AX,0
MOV  ES,AX
MOV  BX,60H×4
MOV  AX,OFFSET INTR60
MOV  ES: WORD PTR [BX],AX
MOV  AX,SEG INTR60
MOV  ES: WORD PTR [BX+2],AX
```

(2) 借助DOS功能调用(INT 21H的25H功能号)设置中断向量。

```
MOV  AX,SEG INTR60
MOV  DS,AX
MOV  DX,OFFSET INTR60
MOV  AL,0BH
MOV  AH,25H
INT  21H
```

14. 参考程序如下。

```
    LEA    SI,BUFFER
    MOV    CX,4000
L1: MOV    DX,2F1H
L2: IN     AL,DX
    SHL    AL,1
    JNC    L2              ;查询状态
    DEC    DX
    IN     AL,DX           ;输入数据
    MOV    [SI],AL
    INC    SI
    LOOP   L1
```

15.

(1) IRR是中断请求寄存器,用来存放从外设来的中断请求信号IR_0～IR_7。

(2) ISR是中断服务寄存器,用来记忆正在处理的中断级别。

(3) IMR是中断屏蔽寄存器,用来存放CPU送来的屏蔽信号,IMR中某一位或几位为"1"时,对应的中断请求被屏蔽。

16.

(1) 8259A可编程中断控制器有8个中断请求输入引脚IR_0～IR_7。单片使用时,用这些引脚可同时接收8个外设的中断请求。

(2) 级联使用时,从片的INT引脚应与主片的IR_0～IR_7中的任一引脚相连。

17. 中断屏蔽寄存器IMR的8位对应8个中断级,其中为1的位所对应的中断输入线IR处于被屏蔽方式,被屏蔽的中断级请求不能使8259A的INT输出端产生有效的请求信号,故即使中断允许标志IF为1也无法响应中断。IF是中断允许标志,当IF为0时所有可屏蔽中断被禁止。

18. ICW_2 设置了中断类型码的高 5 位。若 ICW_2 设置为 30H,则 8 级中断的类型码依次为 30H～37H；若 ICW_2 设置为 38H,则 8 级中断的类型码依次为 38H～3FH。

19. 参考程序如下。

```
IN      AL,80H
OR      AL,00100100B
OUT     80H,AL          ;发 OCW1 屏蔽字,禁止 IR2 和 IR5 的请求
…
AND     AL,11011011B
OUT     80H,AL          ;发 OCW1 屏蔽字,撤销禁止
```

20. DMA 工作方式的特点如下。

(1) 数据传输速度快,且进行批量数据传输。

(2) 传输速率只受存储器存取速度的限制。

(3) CPU 不参加操作,要把总线控制权交给 DMAC。

(4) 通过专门的硬件 DMAC,直接控制数据传输,硬件电路比较复杂。

A.1.7 并行接口

1. 选择题。

(1) C (2) A (3) D (4) C (5) C (6) D (7) A (8) B

(9) B (10) D (11) C (12) D (13) D (14) B (15) D (16) C

(17) B (18) C (19) D (20) C

2. 填空题。

(1) 选通输入输出方式　双向传输方式

(2) 0110000

(3) PC_7～PC_3

(4) 0

(5) 方式控制

(6) A

(7) 共阳　共阴　共阴

(8) 方式 1　方式 2

(9) 静态　动态

(10) A_2、A_1

(11) 可编程的通用并行输入输出

(12) 4

3. A 端口可以工作在方式 0、方式 1、方式 2；B 端口可以工作在方式 0、方式 1。

4. 8255A 的方式控制字为 11000100B。

5. 方式 0 为基本输入输出方式,它适用于不需要应答信号的简单输入输出场合,在这种情况下,A 端口和 B 端口作为 8 位的端口,C 端口的高 4 位和低 4 位可作为两个 4 位的端口。方式 1 为选通输入输出方式,C 端口的部分口线作为联络线,而这些信号与 C 端口的位之间有着固定的对应关系,这种关系不是程序可以改变的,除非改变工作方式。

6. 参考程序如下。

```
MOV  DX,8003H
MOV  AL,00001011B
OUT  DX,AL                  ;PC5 置 1
MOV  AL,00000110B
OUT  DX,AL                  ;PC3 置 0
```

7. 初始化程序段如下。

```
MOV  DX,8003H
MOV  AL,10000110B           ;方式控制字
OUT  DX,AL                  ;送控制口
```

8. 数据从8255A的C端口读入CPU,表示8255A被选通,故$\overline{CS}$为低电平;由于此时对8255A的C端口操作,故A_1、A_0应分别为1(高电平)、0(低电平)。CPU执行的是读操作,故$\overline{RD}$为低电平,$\overline{WR}$为高电平。

9. 参考程序如下。

```
      MOV    AL,10000000B       ;8255A 初始化
      OUT    63H,AL             ;A 端口、B 端口未用,C 端口低 4 位输出
L1:   MOV    AL,00000001B
      OUT    63H,AL             ;PC0←1
      CALL   D5S
      MOV    AL,00000000B
      OUT    63H,AL             ;PC0←0
      CALL   D5S
      JMP    L1
```

10. 初始化程序及中断矢量设置的参考程序如下。

```
MOV    AL,0B9H                ;控制字
OUT    0B6 H,AL
CLI                           ;关中断
MOV    AL,08H
OUT    0B6 H,AL               ;关 8255A 中断
MOV    AX,0
MOV    DS,AX
MOV    DI,0FH×4
MOV    AX,OFFSET  PASER       ;取中断服务子程序的偏移地址
MOV    [DI],AX
MOV    AX,SEG  PASER          ;取中断服务子程序的段基址
MOV    [DI+2],AX
MOV    AL,09H
OUT    0B6 H,AL               ;开 8255A 中断
STI                           ;开中断
```

11. 将行线接输出口,列线接输入口,当按键没有按下时,所有列线输入端都是高电平。采用行扫描法,先将某一行输出为低电平,其他行输出为高电平,用输入口来查询列线上的电平,逐次读入列值,如行线上的值为0时,列线上的值也为0,则表明有键按下。否则,接着读入下一列,直到该行有按下的键为止。如果该行没有找到有键按下,就按此方法逐行找下去,直到扫描完全部的行和列。

12. 参考程序如下。

```
        MOV    DX,PORTCN
        MOV    AL,10000010B              ;8255A 初始化
        OUT    DX,AL
WAIT:   MOV    DX,PORTA
        MOV    AL,0
        OUT    DX,AL
        MOV    DX,PORTB
        IN     DX,AL
        CMP    AL,0FFH
        JZ     WAIT
```

13.

(1) 8255A 的端口地址分别为 88H～8BH。

(2) 参考程序如下。

```
        MOV    AL,10000011B
        OUT    8BH,AL            ;8255A 初始化
LP:     IN     AL,8AH            ;读入手动开关量
        TEST   AL,04H            ;未准备好,继续等待
        JNZ    LP
        IN     AL,89H            ;开关量送 LED 显示
        OUT    88H,AL
        HLT
```

14.

```
        MOV    AL,81H
        OUT    83H,AL          ;8255A 初始化
        MOV    AL,0BH
        OUT    83H,AL          ;置 PC5 为 1, STB 无效
LP:     IN     AL,82H          ;读 PC3BUSY 状态
        TEST   AL,08H
        JNZ    LP
        MOV    AL,DATA         ;写数据到 A 端口
        OUT    80H,AL
        MOV    AL,0AH          ;置 PC5 为 0,STB 有效
        OUT    83H,AL
        MOV    AL,0BH          ;置 PC5 为 1,STB 无效
        OUT    83H,AL
        RET
```

15.

A 端口方式 0 输出,B 端口方式 0 输入,方式选择控制字为 82H(1 0000 010),8255A 初始化程序和控制检测程序如下。

```
MOV     AL,82H
OUT     63H,AL             ;8255A 初始化
IN      AL,61H             ;读 B 端口
NOT     AL
OUT     60H,AL             ;从 A 端口输出,使相应的继电器动作
CALL    DELAY10ms
```

A.1.8 串行接口

1. 选择题。

(1) B (2) B (3) D (4) B (5) D (6) C
(7) C (8) B (9) C (10) A (11) D

2. 填空题。

(1) 异步通信

(2) 复位 RESET 复位命令字(D_6=1 的命令字)

(3) 并-串转换

(4) 串行通信

(5) 串行

(6) 全双工

3. 异步的含义是发送器和接收器不共享共用的同步信号,也不在数据中传送同步信号,它是在字符的首尾放置起始位和停止位,供接收端用起始位和停止位判断一个字符。

4. 由于每发送一个 7 位的字符,就必须发送 1+7+1+2=11 个串行数据位,故每分钟发送的字符个数为 1200/11×60≈6545。

在异步方式时,发送时钟频率是波特率的 1、16 或 64 倍,即波特率系数的倍数。由于波特率因子为 16,故发送时钟频率=1200×16=19 200=19.2(kHz)。

5.

(1) 并行通信适宜于近距离数据传送,串行通信适宜于远距离数据传送。

(2) 并行传送速度快,串行传送的速度慢,它们传送的速率和距离成反比。

(3) 串行通信的费用比并行通信低。

6. 因为 RS-232C 通信标准规定的电平信号−5～−15V 为逻辑"1",+5～+15V 为逻辑"0",因此在通信时要与 TTL 电平之间加转换器。通常用 MC1488 实现 TTL→RS-232C;MC1489 实现 RS-232C→TTL,也可用 MAX232 芯片实现 RS-232C 与 TTL 之间的电平转换。

7. 计算机的通信是一种数字信号的通信,在长距离通信时,若用数字信号直接传送,经过传送线,信号会发生畸变,因此,在远距离的计算机与计算机或计算机与外设之间进行通信时,就要通过调制解调器,在计算机输出时把数字信号转换为模拟信号;在输入计算机时把模拟信号转换为数字信号。故此,远距离通信时,必须在计算机的输出端和远方终端的接收处分别加调制解调器。

8. 异步方式即每一个字符加起始位和停止位,作为字符开始和结束的标志,以字符为单位一个个地发送和接收。异步方式的帧格式如图 A.1 所示。

同步工作方式是在数据块开始处加同步字符标识。双同步字符方式即为数据块前加两个同步字符标识。外同步和内同步的区别在于,外同步发送的一帧数据中不包含同步字符,同步是由专门的控制线产生一个同步信号 SYNC 加到串行接口上,当 SYNC 一到达,表明数据块开始传送,接口就连续接收数据和 CRC 编码。

各种同步的帧格式如图 A.2 所示。

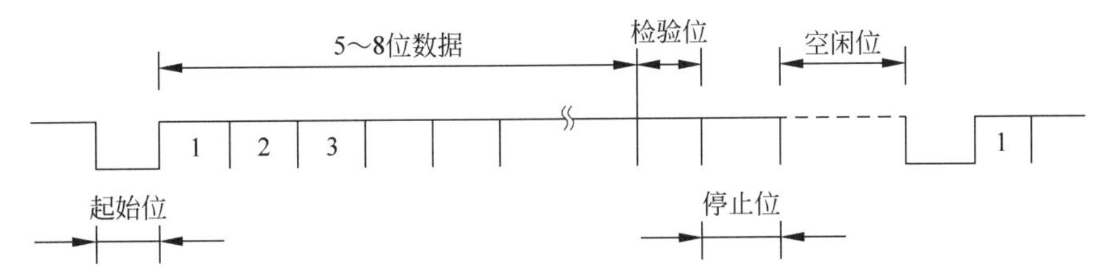

图 A.1　异步方式的帧格式

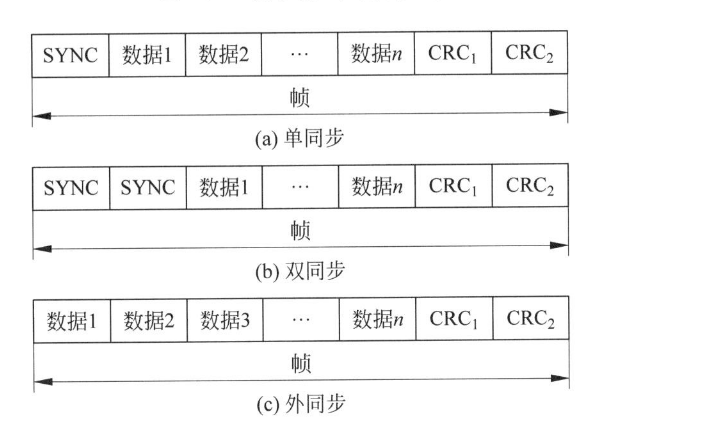

图 A.2　各种同步方式的帧格式

9. 方式控制字：

7AH

0	1	1	1	1	0	1	0

命令控制字：

3FH

0	0	1	1	1	1	1	1

10. 8251A 初始化代码如下。

```
CSHCX:  MOV     AX,0
        MOV     CX,03H
        MOV     DX,0DAH          ;控制地址
BBB:    CALL    YYY
        LOOP    BBB
        MOV     AL,40H           ;复位命令字(D6 = 1 的命令字)
        CALL    YYY
        MOV     AL,4EH           ;设置 8251A 为异步方式,波特率因子为 16
        CALL    YYY              ;8 位数据位,1 位停止位
        MOV     AL,37H           ;命令 8251A 发送器和接收器启动
        CALL    YYY
;输出子程序,将 AL 中数据输出到 DX 指示的端口
YYY     PROC
        OUT     DX,AL
        PUSH    CX
        MOV     CX,02H
DDD:    LOOP    DDD              ;延时
```

```
        POP    CX
        RET
YYY     ENDP
```


发送子程序编程说明如下：将输出到CRT的字符事先放在堆栈中，发送时先对状态字的TxRDY位进行测试，若为1表示发送缓冲器已空，CPU向8251A输出一个字符使它继续向CRT发送。

```
;发送子程序
SEND    PROC
        MOV    DX,0DAH
CCC:    IN     AL,DX          ;读状态
        TEST   AL,01H         ;判 TxRDY 是否为 1
        JZ     CCC
        MOV    DX,0D8H        ;数据地址
        POP    AX
        OUT    DX,AL          ;发送数据
        RET
SEND    ENDP
```

接收子程序编程说明如下：从键盘接收的字符放入AL中，接收程序先对状态字的RxRDY位进行测试，若为0表示接收的数据未准备好，不能输入数据，继续测试；若RxRDY位为1表示接收缓冲器中来自键盘的数据已准备好，CPU可从8251A输入一个字符至AL中，然后再继续处理。

```
;接收子程序
RECE    PROC
        MOV    DX,0DAH
EEE:    IN     AL,DX          ;读状态
        TEST   AL,02H         ;判 RxRDY 是否为 1
        JZ     EEE
        MOV    DX,0D8H
        IN     AL,DX          ;接收数据
        RET
RECE    ENDP
```

A.1.9 计数器/定时器

1. 选择题。

(1) C　(2) C　(3) D　(4) B　(5) C

(6) B　(7) C　(8) D　(9) A　(10) D

2. 填空题。

(1) 软件延时　可编程的定时/计数器芯片

(2) 写控制命令　写计数初值

(3) 16

(4) 3

(5) 写高8位

(6) 方式3

(7) 1　0

(8) 偶　奇

(9) 43H　40H

(10) 31.25μs　38

3.

8253 每个计数通道可工作于 6 种不同的工作方式。

(1) 方式 0——计数结束中断方式，在写入控制字后，输出端即变低，计数结束后，输出端由低变高，常用该输出信号作为中断源。其余 5 种方式写入控制字后，输出均变高。方式 0 可用来实现定时或对外部事件进行计数。

(2) 方式 1——可编程单稳态输出方式，用来产生单脉冲。

(3) 方式 2——比率发生器，用来产生序列负脉冲，每个负脉冲的宽度与 CLK 脉冲周期相同。

(4) 方式 3——方波发生器，用于产生连续的方波。方式 2 和方式 3 都实现对时钟脉冲进行 n 分频。

(5) 方式 4——软件触发选通，由软件触发计数，在计数器回 0 后，从 OUT 端输出一个负脉冲，其宽度等于一个时钟周期。

(6) 方式 5——硬件触发选通，由硬件触发计数，在计数器回 0 后，从 OUT 端输出一个负脉冲，其宽度等于一个时钟周期。

6 种方式中，方式 0、1 和 4，计数初值装进计数器后，仅一次有效。如果要通道在此按此方式工作，必须重新装入计数值。对于方式 2、3 和 5，在减 1 计数到 0 值后，8253 会自动将计数值重装进计数器。

4.

(1) 方式 0 是计数结束停止计数方式；

(2) 方式 1 是可重复触发单稳态方式；

(3) 方式 2 是分频器工作方式；

(4) 方式 3 是方波输出方式；

为便于重复计数最好选用方式 2 和方式 3。

5.

(1) 写入一次计数初值后，输出连续波形。其实质是，当减 1 计数器减为 0 时，计数初值寄存器 CR 立即将原写入的计数初值再次送入减 1 计数器，并开始下一轮的计数，即 CR 内容能自动地、重复地装入 CE 中。

(2) 计数器既可软件触发启动(此时 GATE 必须为高电平)，也可硬件启动(由 GATE 引脚上电平从低到高的跳变)。

(3) 方式 2 的 OUT 端输出 $N-1$ 个 CLK 的正脉冲，1 个 CLK 的负脉冲；而方式 3 的 OUT 端输出对称的方波(计数初值 N 为偶数)或近似对称的方波(计数初值 N 为奇数)。

6. 方式 1：硬件可重复触发单稳态方式；方式 5：硬件触发选通方式。方式 5 和方式 1 相比，两者均为硬件触发启动计数器工作的方式，但在 OUT 端输出的负脉冲宽度不一样，方式 1 输出计数初值 N 个 CLK 宽度的负脉冲，而方式 5 仅输出 1 个 CLK 宽度的窄负脉冲。

7. 8253 的每一个计数器都有一个 16 位的输出锁存器 OL，一般情况下它的值随计数器的变化而变化。因此,CPU在读取计数值时,要锁存当前计数器的值。其方法是向8253输出一个计数器锁存命令。当写入锁存控制命令后,它就把计数器的现行值锁存,此时计数器继续计数。这样,CPU就可用输入指令从所读计数器口地址读取锁存器中的值。CPU读取了计数值后,自动解除锁存状态,它的值又随计数器而变化。

8.

(1) 采用二进制计数时,如果计数初值 N 为8位二进制数(十进制数≤255),则在用MOV AL,N写入AL时,N可以写成任何进制数。如果计数初值 N 为16位二进制数(十进制数≤65 535),则可有两种方式写入:一种是把十进制数转换为4位十六进制数,分两次写入对应的计数通道(先低后高);另一种是把十进制数直接写入AX(由系统自动转换为十六进制数),即

```
MOV   AX,N
OUT   PORT,AL            ;PORT为通道地址
MOV   AL,AH
OUT   PORT,AL
```

(2) 采用十进制计数时,必须把计算得到的计数初值的十进制数后加上H,变成BCD码表示形式,例如 $N=50$,则写为:

```
MOV   AL,50H
OUT   PORT,AL
```

如果 $N=1250$,则写为:

```
MOV   AL,50H
OUT   PORT,AL
MOV   AL,12H
OUT   PORT,AL
```

(3) 采用二进制计数时,计数初值为0时,计数值最大,为65 536;采用十进制计数时,计数初值为0时,计数值最大,为10 000。

9.

```
MOV   DX,283H
MOV   AL,16H             ;计数器0初始化
OUT   DX,AL
MOV   DX,280H
MOV   AL,00H
OUT   DX,AL              ;写入计数值
MOV   DX,283H
MOV   AL,0B5H            ;计数器2初始化
OUT   DX,AL
MOV   DX,282H
MOV   AL,00H
OUT   DX,AL              ;先写低8位
MOV   AH,10H
OUT   DX,AL              ;再写高8位
```

10. 2MHz的时钟,周期为 $0.5\mu s$,应计数30 000次,十六进制数为7530H。

单稳态方式为工作方式1,其方式控制字为10110010。

计数初值低位为30H;高位为75H。

11. 由于是按二进制方式计数，计数初值为FFFFH，即65 535，而计数频率为2MHz，即每过0.0005ms计一个数，故计完时间为65 535×0.0005=32.7675ms，即发出中断请求信号的周期是32.7675ms。

12. CLK_0 为1MHz，周期为1μs，OUT_0 为50kHz，则计数初值为1000/50=20。

而方波的输出波形，当计数初值为偶数时，高电平和低电平的持续时间相等，各占10个Tclk，即10μs。

13. 解：要实现比例为1∶9的周期性亮灭，需在8253的 OUT_0 产生占空比为0.1的周期性矩形波，因此使用方式2来实现该功能。计数初值为9+1=10。电路如图A.3所示。

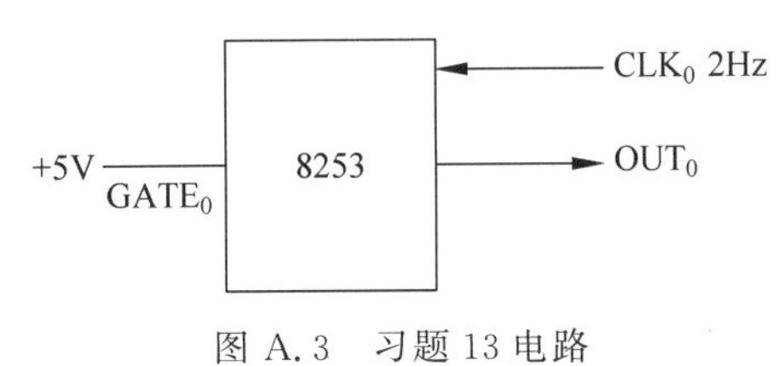

图A.3　习题13电路

程序段如下。

```
MOV   AL,15H
MOV   DX,8A6H
OUT   DX,AL                ;通道0初始化
MOV   AL,10H
MOV   DX,8A0H
OUT   DX,AL                ;写低8位
```

14.

通道0：工作于方式3，计数初值为5000，控制字为00100111B；

通道1：工作于方式3，计数初值为60，控制字为01010111B；

通道2：工作于方式3，计数初值为60，控制字为10010111B。

```
MOV   AL,27H               ;通道0初始化
OUT   63H,AL
MOV   AL,50H
OUT   60H,AL               ;写高8位
MOV   AL,57H               ;通道1初始化
OUT   63H,AL
MOV   AL,60H
OUT   61H,AL               ;写低8位
MOV   AL,97H               ;通道2初始化
OUT   63H,AL
MOV   AL,60H
OUT   62H,AL               ;写低8位
```

电路如图A.4所示。

15. 利用两个通道，CLK皆为2MHz时钟。

通道0：方式2，做10ms计时，$10ms/(1/2MHz)=2\times10^4=4E20H$。

通道1：方式3，输出波形，频率分别为500kHz，200kHz，…，1kHz。

计数初值分别为4，10，20，40，100，200，400，1000，2000。

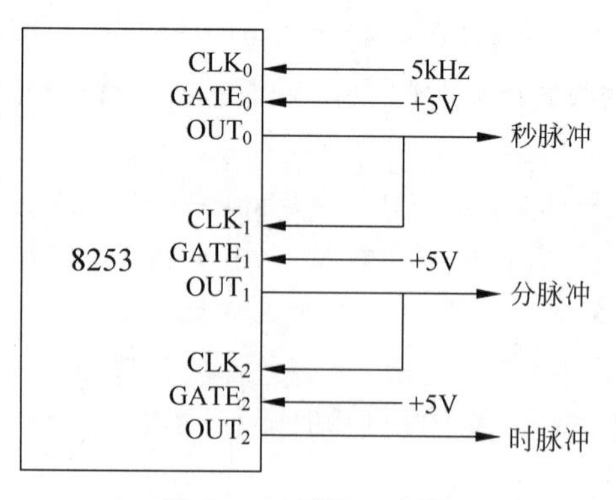

图 A.4　习题14电路

OUT_0 输出到8255A的 PC_0，供8086查询10ms时间是否已到。

```
DATA      SEGMENT
COUNT     DW  4,10,20,40,100,200,400,1000,2000
DATA      ENDS

…(设8255A已完成初始化)
      LEA  SI,COUNT        ;SI为计数初值表指针
      MOV  AL,34H
      OUT  0C3H,AL         ;通道0方式2
      MOV  AL,76H
      OUT  0C3H,AL         ;通道1方式3
      MOV  AX,4E20H
      OUT  0C0H,AL
      MOV  AL,AH
      OUT  0C0H,AL         ;计数值写入通道0
      MOV  AX,[SI]
      OUT  0C1H,AL
      MOV  AL,AH
      OUT  0C1H,AL         ;计数值写入通道1
      ADD  SI,2
LOP:  IN   AL,62H
      TEST AL,01H
      JNZ  LOP
LOP1: IN   AL,62H
      TEST AL,01H
      JZ   LOP1            ;检测OUT0上升沿
      MOV  AX,[SI]
      OUT  0C1H,AL
      MOV  AL,AH
      OUT  0C1H,AL
      CMP  AX,2000         ;SI是否已到表的末尾
      JNZ  BB
      LEA  SI,COUNT        ;是,重新指向表的起始处
BB:   ADD  SI,2
      JMP  LOP
```

电路如图A.5所示。

16. 利用一个通道使用方式3，做10ms计时，$10ms/(1/1MHz)=1\times10^4=2710H$。外部信号控制GATE，正跳变时允许计数，负跳变时停止计数，8086将计数值读出，减

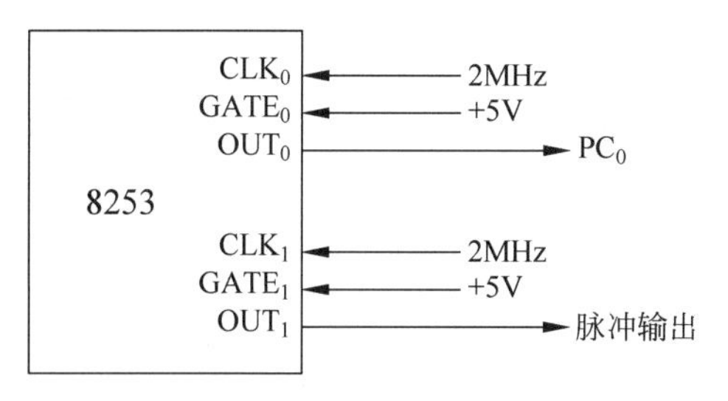

图 A.5　习题 15 电路

去初值就是时间长度。

```
        …(设 8255A 已完成初始化)
        MOV  AL,36H
        OUT  83H,AL          ;通道 0 方式 3
LOP:    IN   AL,62H
        TEST AL,01H
        JNZ  LOP
LOP1:   IN   AL,62H
        TEST AL,01H
        JZ   LOP1            ;检测 OUT0 上升沿
        MOV  AX,2710H
        OUT  80H,AL
        MOV  AL,AH
        OUT  80H,AL          ;计数值写入通道 0,开始计数
LOB:    IN   AL,62H
        TEST AL,01H
        JZ   LOB
LOB1:   IN   AL,62H
        TEST AL,01H
        JNZ  LOB1            ;检测 OUT0 下降沿
        MOV  AL,00H          ;脉冲从高变为低,停止计数; 向通道 0 写锁存命令
        OUT  83H,AL
        IN   AL,80H          ;先读低 8 位
        MOV  BL,AL
        IN   AL,80H          ;再读高 8 位
        MOV  BH,AL
        MOV  AX,2710H
        SUB  AX,BX
```

17. 通道 0 使用方式 1,外部出现正脉冲时启动计数,输出低电平禁止通道 1 计数。如果外部脉冲间隔超过 10ms,OUT_0 变回高电平,通道 1 使用方式 0 开始计时,2ms 之后输出高电平点亮 LED 并允许扬声器工作,开始报警。

通道 0:方式 1,初值为 1000;通道 1:方式 0;初值为 200;通道 2:方式 3,初值为 100。

```
MOV  AL,23H          ;通道 0 初始化
MOV  DX,02C3H
OUT  DX,AL
MOV  DX,02C0H
MOV  AL,10H
OUT  DX,AL           ;写高 8 位
MOV  AL,61H          ;通道 1 初始化
MOV  DX,02C3H
OUT  DX,AL
```

```
MOV  DX,02C1H
MOV  AL,02H
OUT  DX,AL            ;写高8位
MOV  AL,0A7H          ;通道2初始化
MOV  DX,02C3H
OUT  DX,AL
MOV  DX,02C2H
MOV  AL,01H
OUT  DX,AL            ;写高8位
```

18. 通道1使用方式2,8255A通过PC_2检测上升沿,检测到说明计时时间到。使用逻辑右移改变B端口逻辑,实现跑马灯。

8253端口地址为40H～46H,8255A端口地址为A0H～A6H。8253的通道1使用方式2,初值2s/(1/500Hz)=1000。8255A的B端口输出,C端口下半部输入。

```
      MOV   AL,81H
      OUT   0A6H,AL              ;8255A初始化
      MOV   AL,65H
      OUT   046H,AL              ;8253通道1初始化
      MOV   AL,10H
      OUT   042H,AL
      MOV   AL,0FFH
      OUT   0A2H,AL
      MOV   BL,11101110B
LOP:  IN    AL,0A4H
      TEST  AL,04H
      JNZ   LOP
LOP1: IN    AL,0A4H
      TEST  AL,04H
      JZ    LOP1
      MOV   AL,BL
      OUT   0A2H,AL
      ROL   BL
      JMP   LOP
```

A.1.10 数模和模数转换

1. 选择题。

(1) A　(2) D　(3) D　(4) A　(5) D　(6) C　(7) A　(8) A

2. 填空题。

(1) 传感器

(2) 建立时间

(3) 转换时间

(4) 逐次逼近　±1/2LSB=±9.75mV

(5) 模拟量的瞬时值

3. D/A的分辨率是指D/A转换器对输入量变化的敏感程度的描述,通常用数字量的位数来表示。对一个分辨率为n位的转换器,能够分辨满刻度的$1/2^n$的输入信号,所以,n位二进制数最低位具有的权值就是它的分辨率。

4. DAC0832采用8位梯形电阻网络,将数字量转换为模拟量,并以电流形式输出,I_{out1}

输出随数字量的大小做线性变化，I_{out2} 随数字量的反码大小做线性变化。$I_{out1}+I_{out2}=$ 常数。

要求 I_{out1} 和 I_{out2} 两端等于或非常接近地电位，因此可用一级运放作为电流-电压的变换，该运放必须反向输入，保证 I_{out1} 为地电位(即运放同相端接地，反相端虚地)。

运放的反馈电阻采用 DAC0832 内部的 R_{FB}，这样可以保证精度及良好的温度特性。

因反相输入经运放后要反一次相，因此输出 0～5V 的模拟电压，V_{REF} 应接－5V。相关的电路实现如图 A.6 所示。

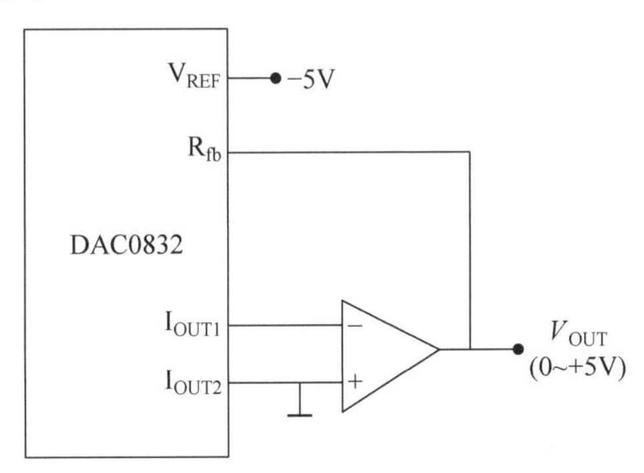

图 A.6　DAC0832 电流—电压的变换

5. 多路 D/A 同时输出，这就需要双缓冲寄存器。由于计算机是分时操作，同时给几个 D/A 转换器送控制量是办不到的，采取的方案是首先分别给几个 D/A 转换器送控制字到输入缓冲寄存器，控制信号为 ILE、$\overline{CS}$、$\overline{WR_1}$，此时 D/A 转换器并不开始转换。然后同时启动 DAC 寄存器，控制信号为 $\overline{XFER}$、$\overline{WR_2}$，这就保证了几路 D/A 转换器同时转换，如图 A.7 所示。

驱动程序如下。

```
MOV   DX,0800H                ;给出 D/A 的起始地址
MOV   AL,DATA0                ;给出第 0 路的数字量
OUT   DX,AL                   ;数据送入第 0 路输入寄存器
INC   DX                      ;第 1 路输入寄存器地址
MOV   AL,DATA1
OUT   DX,AL                   ;数据送入第 1 路输入寄存器
INC   DX
MOV   AL,DATA2                ;数据送入第 2 路输入寄存器
OUT   DX,AL
INC   DX                      ;XFER 的地址
OUT   DX,AL                   ;同时启动转换
```

6. 设 DAC0832 端口地址为 34CH，初始值存放在 Level 单元中，延时子程序为 DELAY。产生的锯齿波和正三角波如图 A.8 所示。

产生锯齿波程序如下。

```
AAA:    MOV    AL,Level
        MOV    DX,34CH
CCC:    OUT    DX,AL
        INC    AL
```

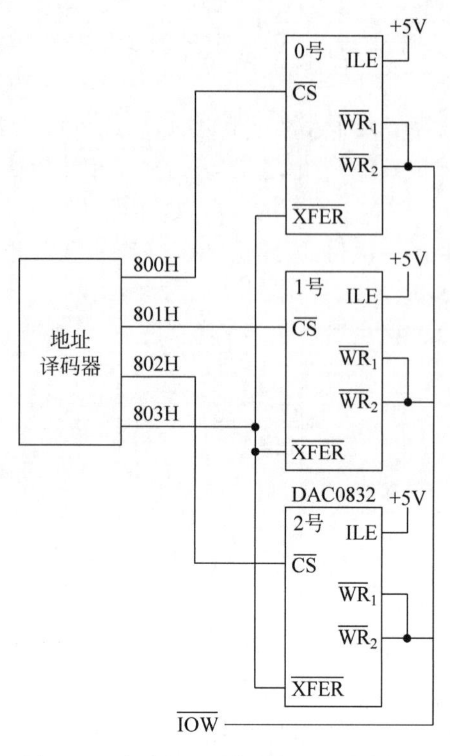

图 A.7 多路 D/A 同时输出双缓冲接口

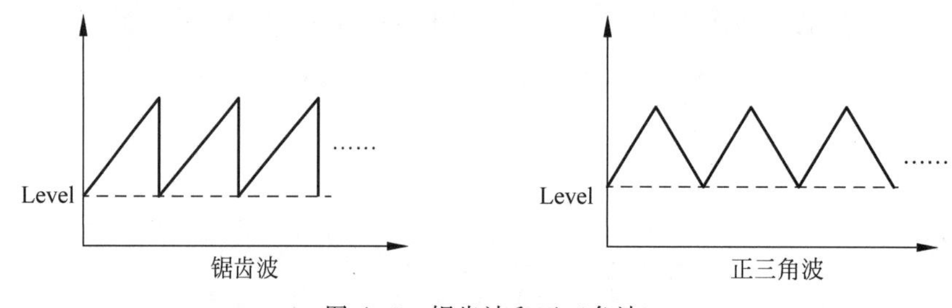

图 A.8 锯齿波和正三角波

```
        CALL    DELAY
        CMP     AL,0FFH
        JNZ     CCC
        JMP     AAA
```

产生正三角波程序如下。

```
AAA:    MOV     AL,Level
        MOV     DX,34CH
CCC:    OUT     DX ,AL
        INC     AL
        CALL    DELAY
        CMP     AL,0FFH
        JNZ     CCC
BBB:    OUT     DX,AL
        DEC     AL
        CALL    DELAY
        CMP     AL,Level
```

```
JNZ     BBB
JMP     AAA
```

7. DAC0832 中具有两级锁存器：第一级锁存器为输入寄存器，锁存信号为 ILE；第二级锁存器为 DAC 寄存器，锁存信号为 $\overline{XFER}$。

为了使 DAC0832 进行 D/A 转换，可使用两种方法对数据进行锁存。第一种方法是使输入寄存器工作在锁存状态，而 DAC 寄存器工作在不锁存状态，即使 $\overline{WR_2}$ 和 $\overline{XFER}$ 均为低电平，DAC 寄存器的锁存端为无效状态，而使输入寄存器的有关控制信号 ILE 为高电平，$\overline{CS}$ 为低电平，当 $\overline{WR_1}$ 来一个负脉冲时，就可完成一次变换。

第二种方法是输入寄存器工作在不锁存状态，DAC 寄存器工作在锁存状态，即使 $\overline{WR_1}$ 为低电平，$\overline{CS}$ 为低电平而 ILE 为高电平，这样输入寄存器的锁存信号处于无效状态，而 $\overline{WR_2}$、$\overline{XFER}$ 输入一个负脉冲，使 DAC 寄存器为锁存状态。

8. A/D 的分辨率是指 A/D 转换器对输入量变化的敏感程度，通常用转移器输出数字量的位数来表示。例如，对 8 位 A/D 转换器，其数字输出量的变化范围为 0～255，当输入电压为 5V 时，转换电路对输入模拟电压的分辨能力为 5V/255＝19.6mV。

A/D 转换器的精度是指与数字输出量所对应的模拟输入量的实际值与理论值之间的差值。通常用最小有效位 LSB 的数值来表示。

9. 双积分 A/D 转换器电路简单，能常态干扰（串模干扰）有很强的抑制作用，尤其对正负波形对称的干扰信号，抑制效果更好，同时转换精度高，但转换速度慢，常用的 A/D 转换芯片的转换时间为毫秒级，因此，适用于模拟信号变化缓慢、采样速率要求较低而对精度要求较高或现场干扰较严重的场合。

逐次逼近型 A/D 转换器转换速度快，但转换精度较双积分 A/D 转换器低。逐次逼近型 A/D 转换器应用更广泛。

10. 输入通道 IN_7 读入一个模拟量经 ADC0809 转换后进入微处理器的程序段：

```
MOV     AL,07H
OUT     85H,AL
CALL    Delay
IN      AL,85H
HLT
```

11. 8255 的端口地址为 80H、81H、82H、83H。从输入通道 IN_7 读入一个模拟量经 ADC0809 转换后送入微处理器的参考程序段：

```
       MOV    AL,88H         ;8255A 初始化，PC 端口的高 4 位为输入
       OUT    83H,AL         ;PB 端口为输出
       MOV    AL,07H
       OUT    81H,AL         ;取通道 7，产生 PB4 为触发信号
       MOV    AL,17H         ;启动 ADC0809
       OUT    81H,AL
       MOV    AL,07H
       OUT    81H,AL         ;在 PB4 产生启动转换信号
LOP:   IN     AL,82H         ;检查 EOC
       TEST   AL,80H
       JZ     LOP            ;EOC = 0，继续查询
       IN     AL,84H         ;EOC = 1，使 0809 的 OE 有效，允许输出
       HLT
```

A.1.11 总线技术

1. 选择题。

(1) D (2) C (3) A (4) D (5) C (6)B (7) B

2. 填空题。

(1) 62 8 20

(2) 局部 完全兼容

(3) 32

(4) 加速图形端口 总线规范

(5) 小型计算机系统接口 主机

(6) 任何硬件或软件上的修改

3. 采用一组线路,配置适当的接口电路,与存储器和各台外围设备连接组成微型计算机系统,这组共有的连接线路就称为总线。根据总线的结构和使用范围,常用的总线结构形式有单总线、双总线和多总线。

4. PCI是Peripheral Component Interconnect的缩写,即外围元件互联。PCI属于高性能局部总线,PCI局部总线的时钟频率为33MHz可扩展到66MHz,数据总线为32位可扩展到64位,可支持多组外围部件。PCI提供了一套整体的系统解决方案,能提高网卡、硬盘的性能;可高效地配合视频、图形及各种高速外围设备进行数据传输。PCI除了具有常规总线主控功能加速执行高吞吐量、高优先级的任务外,对于PCI兼容的外围设备,由于它能提供较快速的存取速度、能够大幅度减少外围设备取得总线控制权所需的时间,因此较好地解决了大批量高速传输过程中由于处理不及时造成外设数据丢失的问题。

5. AGP(Accelerated Graphics Port)即加速图形端口。Intel公司开发了AGP标准,推出AGP的主要目的就是要大幅提高高档PC的图形尤其是3D图形的处理能力。它是一种为了提高视频带宽而设计的总线规范。它支持的AGP插槽可以插入符合该规范的AGP插卡。其视频信号的传输速率可以从PCI的132Mb/s提高到266Mb/s或者532Mb/s。采用AGP的目的是使3D图形数据越过PCI总线,直接送入显示子系统。这样就能突破由PCI总线形成的系统瓶颈,从而实现了以相对低价格来达到高性能3D图形的描绘功能。

6. 异步传输和等时传输。

7.

(1) 数据帧:携带数据从发送器至接收器。

(2) 远程帧:由总线单元发出,请求发送具有同一识别符的数据帧。

(3) 错误帧:报告检测到的总线错误。

(4) 过载帧:用以在先行的或后续的数据帧提供附加延时。

A.2 调试程序DEBUG的主要命令

DEBUG程序是专门为汇编语言设计的一种调试工具。它通过单步、跟踪、断点、连续等方式为汇编语言程序员提供了非常有效的调试手段。

1. DEBUG 程序的调用

在 DOS 下,可输入命令:

```
C>DEBUG[驱动器][路径][文件名][参数 1][参数 2]
```

其中,文件名是被调试文件的名字,它必须是可执行文件(EXE),两个参数是运行被调试文件时所需要的命令参数,在 DEBUG 程序调入后,出现提示符"—",此时,可输入所需的 DEBUG 命令。

2. 常用 DEBUG 命令

注意,在 DEBUG 调试的过程中,系统默认为十六进制,故不再加 H 后缀。

(1) 显示内存单元内容的命令 D,格式为:

```
—D[地址] 或 —D[范围]
```

(2) 修改内存单元内容的命令 E,有两种格式。

① 用给定的内容代替指定范围的单元内容:

```
—E 地址内容表
```

例如:

```
—E DS:100  F3 "WXYZ" 8D
```

其中,F3、W、X、Y 、Z 和 8D 各占一字节,用这 6 字节代替原内存单元 DS:100 到 105 的内容,W、X、Y、Z 将分别按它们的 ASCII 码值代入。

② 逐个单元相继地修改:

```
—E 地址
```

例如,要修改当前段偏移地址 0100 字节单元的内容,输入:

```
—E 100
```

显示 18E4:0100 89,说明该单元当前的内容为 89H,若输入 78(按 Enter 键),则该单元的内容就变为 78H 了。

(3) 检查和修改寄存器内容的命令 R,有如下 3 种方式。

① 显示 CPU 内部所有寄存器内容和标志位状态;格式为:

```
—R
```

R 命令所显示的标志位状态含义如表 A.1 所示。

表 A.1 标志位状态的含义

标 志 名	置 位	复 位
Overflow:溢出(是/否)	OV	NV
Direction:方向(减量/增量)	DN	UP
Interrupt:中断(允许/屏蔽)	EI	DI
Sign:符号(负/正)	NG	PL
Zero:零(是/否)	ZR	NZ
Auxiliary Carry:辅助进位(是/否)	AC	NA
Parity:奇偶(偶/奇)	PE	PO
Carry:进位(是/否)	CY	NC

② 显示和修改某个指定寄存器内容,格式为

```
—R寄存器名
```

例如,输入:

```
—R AX
```

显示 AX 1678,表示 AX 当前内容为 1678,此时若不做修改,可按 Enter 键。如果输入内容:

```
AX 1234
```

则 AX 的内容就会由 1678 改为 1234。

(3) 显示和修改标志位状态,命令格式为

```
—RF
```

系统响应后,会将标志内容显示出来,如:

```
OV DN EI NG ZR AC PE CY—
```

此时若想改变任一标志,不按 Enter 键,直接在"—"之后输入该标志的名称即可,输入顺序任意,如 OV DN EI NG ZR AC PE CY—PONZDINV。

按 Enter 键则停止 R 命令。任何没有指定新值的标志将保持不变。

(4) 运行命令 G,格式为

```
—G[ = 地址 1][地址 2][地址 3…]
```

其中,地址 1 规定了运行起始地址,后面的若干地址均为断点地址。

(5) 追踪命令 T,有两种格式。

① 逐条指令追踪:

```
—T[ = 地址]
```

该命令从指定地址起执行一条指令后停下来,显示寄存器内容和状态值。

② 多条指令追踪:

```
—T[ = 地址][值]
```

该命令从指定地址起执行 N 条指令后停下来,N 由[值]确定。

(6) 汇编命令 A,格式为

```
—A[地址]
```

该命令从指定地址开始允许输入汇编语句,把它们汇编成机器码放在从指定地址开始的存储器中。

(7) 反汇编命令 U,有两种格式。

① 从指定地址开始反汇编。

```
—U[地址]
```

该命令从指定地址开始,反汇编 32 字节,若地址省略,则从上一个 U 命令的最后一条指令的下一单元开始显示 32 字节。

② 对指定范围的内存单元进行反汇编。

—U 范围

该命令对指定范围的内存单元进行反汇编，例如：

—U 04BA：0100 0108 或—U 04BA：0100 L9

这两个命令是等效的。

(8) 命名命令 N，格式为：

—N 文件标识符[文件标识符]

此命令将两个文件标识符格式化在 CS：5CH 和 CS：6CH 的两个文件控制块内，供以后的 L 和 W 命令操作之用。

(9) 装入命令 L，它有两种功能。

① 把磁盘上指定扇区的内容装入内存指定地址起始的单元中，格式为：

—L 地址 驱动器 扇区号 扇区数

② 装入指定文件，格式为：

—L[地址]

此命令装入已在 CS：5CH 中格式化的文件控制块所指定的文件。

在用 L 命令前，BX 和 CX 中应包含所读文件的字节数。

(10) 读端口命令 I，格式为：

—I 端口

该命令从端口读入值。

(11) 写端口命令 O，格式为：

—O 端口 值

如，清除 CMOS 信息：

—O 70 10
—O 71 10

(12) 写命令 W，有两种格式。

① 把数据写入磁盘的指定扇区。

② 把数据写入指定文件中。

—W[地址]

此命令把指定内存区域中的数据写入由 CS：5CH 处的 FCB 所规定的文件中。在用 W 命令前，BX 和 CX 中应包含要写入文件的字节数。

(13) 退出 DEBUG 命令 Q，该命令格式为：

—Q

此命令退出 DEBUG 程序，返回 DOS，但该命令本身并不把在内存中的文件存盘，如需存盘，应在执行 Q 命令前先执行写命令 W。

A.3 汇编程序出错信息

汇编程序出错信息如表 A.2 所示。

表 A.2　汇编程序出错信息

编码	说　明
0	Block nesting error(嵌套过程、段、结构、宏指令、IRC、IRP 或 REPT 不是正确结束,如嵌套的外层已终止,而内层还是打开状态)
1	Extra characters on line(当一行上已接受了定义指令说明的足够信息,而又出现多余的字符)
2	Register already defined(汇编内部出现逻辑错误)
3	Unknown symbol type(符号语句的类型字段中有些不能识别的东西)
4	Redefinition of symbol(在第二遍扫视时,连续地定义一个符号)
5	Symbol is multi-defined(重复定义一个符号)
6	Phase error between passes(程序中有模棱两可的指令,以至于在汇编程序的两次扫视中,程序标号的位置在数值上改变了)
7	Already had ELSE clause(在 ELSE 子句中试图再定义 ELSE 子句)
8	Not in conditional block(在没有提供条件汇编指令的情况下,指定了 ENDIF 或 ELSE)
9	Symbol not defined(符号没有定义)
10	Syntax error(语句的语法与任何可识别的语法不匹配)
11	Type illegal in context(指定的类型在长度上不可接收)
12	Should have been group name(给出的组名不符合要求)
13	Must be declared in pass 1(得到的不是汇编程序所要求的常数值,例如,向前引用的向量长度)
14	Symbol type usage illegal(PUBLIC 符号的使用不合法)
15	Symbol already different kind(企图定义与以前定义不同的符号)
16	Symbol is reserved word(企图非法使用一个汇编程序的保留字)
17	Forward reference is illegal(向前引用必须是在第一遍扫视中定义过的)
18	Must be register(希望寄存器作为操作数,但用户提供的是符号而不是寄存器)
19	Wrong type of register(指定的寄存器类型并不是指令或伪操作所要求的,例如 ASSUME AX)
20	Must be segment or group(希望给出段或组,而不是其他)
21	Symbol has no segment(想使用具有 SEG 的变量,而这个变量不能识别段)
22	Must be symbol type(必须是 WORD、DW、QW、BYTE 或 TB,但接收的是其他内容)
23	Already defined locally(试图定义一个符号作为 EXTERNAL,但这个符号已经在局部定义过了)
24	Segment parameters are changed(对于 SEGMENT 的变量表与第一次使用该段的情况不一样)
25	NOT proper align/combine type SEGMENT(参数不正确)
26	Reference to mult defined(指令引用的内容已是多次定义过的)
27	Operand was expected(汇编程序需要的是操作数,但得到的却是其他内容)
28	Operator was expected(汇编程序需要的是操作符,但得到的却是其他内容)
29	Division by 0 or overflow(给出一个用 0 作除数的表达式)
30	Shift count is negative(产生的移位表达式使移位计数值为负数)
31	Operand type must be match(在自变量的长度和类型应该一致的情况下,汇编程序得到的并不一样,例如交换)
32	Illegal use of external(用非法的手段进行外部使用)
33	Must be record field name(需要的是记录字段名,而得到的是其他东西)

续表

编码	说　明
34	Must be record or field name(需要的是记录名或字段名,但得到的是其他东西)
35	Operand must have size(需要的是操作数的长度,但得到的是其他内容)
36	Must be var, label or constant(需要的是变量、标号或常数,但得到的是其他内容)
37	Must be structure field name(需要的是结构字段名,但得到的是其他内容)
38	Left operand must have segment(操作数的右边要求它的左边必须是某个段)
39	One operand must be const(这是加法指令的非法使用)
40	Operands must be same or 1 abs(这是减法指令的非法使用)
41	Normal type operand expected(当需要变量标号时,得到的却是 STRUCT、FIFLDS、NAMES、BYTE、WORD 或 DW)
42	Constant was expected(需要的是一个常量,得到的却是另外的内容)
43	Operand must have segment SEG(伪操作使用不合法)
44	Must be associated with data(有关项用的代码,而这里需要的是数据,例如用一个过程取代 DS)
45	Must be associated with code(有关项用的是数据,而这里需要的是代码)
46	Already have base register(试图重复基地址)
47	Already have index register(试图重复变址地址)
48	Must be index or base register(指令需要基址或变址寄存器,而指定的是其他寄存器)
49	Illegal use of register(在指令中使用了 8088 没有的寄存器)
50	Value is out of range(数值大于需要使用的,例如将 DW 传送到寄存器中)
51	Operand not in IP Segment(由于操作数不在当前 IP 段中,因此不能存取)
52	Improper operand type(使用的操作数不能产生操作码)
53	Relative jump out of range(指定的转移超出了允许的范围,−128～+127B)
54	Index disp must be constant(试图使用脱离变址寄存器的变量偏移值)
55	Illegal register value(指定的寄存器值不能放入 reg 字段中,即 reg 字段大于 7)
56	No immediate mode(指定的立即方式或操作码都不能接收立即数,例如 PUSH)
57	Illegal size for item(引用的项的长度是非法的,例如双字的移位)
58	Byte register is illegal(在上下文中,使用一个字节寄存器是非法的,例如 PUSH AL)
59	CS register illegal usage(试图非法使用 CS 寄存器,例如 XCHG CS,AX)
60	Must be AX or AL(某些指令只能用 AX 或 AL,例如 IN 指令)
61	Improper use of segment reg(段寄存器使用不合法,例如立即数传送到段寄存器)
62	NO or unreachable CS(试图转移到不可到达的标号)
63	Operand combination illegal(在双操作数指令中,两个操作数的组合不合法)
64	Near Jmp/Call to different CS(企图在不同的代码段内执行 NEAR 转移或调用)
65	Label can't have seg override(非法使用段取代)
66	Must have opcode after prefix(使用前缀指令之后,没有正确的操作码说明)
67	Can't override ES segment(企图非法地在一条指令中取代 ES 寄存器,例如存储字符串)
68	Can't reach with segment reg(没有做变量可达到的那种假设)
69	Must be in segment block(企图在段外产生代码)
70	Can't use EVEN on BYTE segment(被提出的是一个字节段,但试图使用 EVEN)
71	Forward needs override(目前不使用这个信息)
72	Illegal value for DUP count(DUP 计数必须是常数,不能是 0 或负数)
73	Symbol already external(企图在局部定义一个符号,但此符号已经是外部定义了)

续表

编码	说 明
74	DUP is too large for inker(DUP嵌套太长,以至于从连接程序不能得到一个记录)
75	Usage of ? (indeterminate)bad(?使用不合适。例如,? +5)
76	More values than defined with(超过定义的值)
77	Only initialize list legal(仅初始化列表合法)
78	Directive illegal structure(在结构体定义中的伪指令使用不当。结构定义中的伪指令语句仅二种:分号(;)开始的注释语句和用DB、DW等数据定义伪指令语句)
79	Override with DUP is illegal(在结构变量初始值表中使用DUP操作符出错)
80	Field cannot be overridden(在定义结构变量语句中试图对一个不允许修改的字段设置初值)
81	Override id of wrong type(在定义结构变量语句中设置初值时类型出错)
82	Register can't be forward ref(寄存器不能前向)
83	Circular chain of EQU aliases(用等值语句定义的符号名,最后又返回指向它自己。如: A EQU B B EQU A
84	Feature not supported by the small Assembler(ASM)(小型汇编程序不支持的功能)

参考文献

[1] 戴梅萼，史嘉权．微型机原理与技术——习题、实验和综合训练题集[M]．2版．北京：清华大学出版社，2009．

[2] 戴梅萼，史嘉权．微型计算机技术及应用[M]．4版．北京：清华大学出版社，2008．

[3] 温冬婵，沈美明．IBM-PC汇编语言程序设计[M]．2版．北京：清华大学出版社，2007．

[4] 孙德文．微型计算机及接口技术[M]．北京：经济科学出版社，2007．

[5] 周明德．微机原理与接口技术[M]．2版．北京：人民邮电出版社，2007．

[6] 胡钢，王萍，张慰兮．微机原理及应用[M]．2版．北京：机械工业出版社，2005．

[7] 王萍，周根元，李云．微机原理应用实践[M]．2版．北京：机械工业出版社，2005．

[8] 杨有君．微型计算机原理及应用[M]．北京：机械工业出版社，2005．

[9] 李芷．微机原理与接口技术[M]．北京：电子工业出版社，2003．

[10] TPC-2003通用32位微机接口实验系统教师用实验指导书，清华大学计算机系清华大学科教仪器厂，2003．

[11] TPC-H微机接口实验系统学生实验指导书，清华同方股份有限公司教学仪器设备公司，2002．

[12] 周明德．微机原理与接口技术实验指导与习题集[M]．北京：人民邮电出版社，2002．

[13] 孙德文．微型计算机及接口技术自考应试指导[M]．南京：南京大学出版社，2001．

[14] 温冬婵，沈美明．IBM-PC汇编语言程序设计例题习题集[M]．3版．北京：清华大学出版社，2000．

[15] 王元珍．IBM-PC宏汇编语言程序设计[M]．2版．武汉：华中理工大学出版社，1996．

[16] 武自芳．微型计算机原理常见题型解析及模拟题[M]．西安：西北工业大学出版社，1999．

[17] 80x86微机原理及接口技术实验指导书，西安唐都科教仪器公司，2005．

[18] 刘淑平，朱有产．16/32位微机原理及接口技术实验指导书[M]．北京：中国电力出版社，2010．

[19] 马春燕，秦文萍，王颖，等．微机原理与接口技术(基于32位机)实验与学习辅导[M]．2版．北京：电子工业出版社，2013．

[20] 余春暄，施远征，左国玉，等．80x86微机原理及接口技术——习题解答与实验指导[M]．北京：机械工业出版社，2013．

[21] 卜艳萍，周伟．汇编语言程序设计教程[M]．4版．北京：清华大学出版社，2017．

[22] 钱晓捷．16/32位微机原理、汇编语言及接口技术教程：修订版[M]．北京：机械工业出版社，2019．

图书资源支持

感谢您一直以来对清华版图书的支持和爱护。为了配合本书的使用，本书提供配套的资源，有需求的读者请扫描下方的“书圈”微信公众号二维码，在图书专区下载，也可以拨打电话或发送电子邮件咨询。

如果您在使用本书的过程中遇到了什么问题，或者有相关图书出版计划，也请您发邮件告诉我们，以便我们更好地为您服务。

我们的联系方式：

清华大学出版社计算机与信息分社网站：https://www.shuimushuhui.com/

地　　址：北京市海淀区双清路学研大厦 A 座 714

邮　　编：100084

电　　话：010-83470236　010-83470237

客服邮箱：2301891038@qq.com

QQ：2301891038（请写明您的单位和姓名）

资源下载：关注公众号“书圈”下载配套资源。

资源下载、样书申请

书圈

图书案例

清华计算机学堂

观看课程直播